JN128672

定本 柳宗民の雑草ノオト 夏

柳宗民著
三品隆司画

毎日新聞出版

もくじ

夏

Summer

4

クサノオウ

Chelidonium majus

植物の中には茎を切ると乳液のような白汁を出すものが時々あるが、オレンジ色がかった濃い黄汁を出すのが、このクサノオウだ。林側やあまり日当りのよくない路傍、また石垣の隙間などからも生えているのをよく見掛けるケシ科の多年草で、初夏の頃に鮮やかな黄色四弁花を数輪茎頂に咲かせてよく目立つ。野草の中では、花の美しいものの一つと云えよう。株元から何本もの軟質の茎を伸ばして五〇センチメートルぐらいの高さとなる。ソフトな感じのする羽状複葉は、裏面が白粉を吹いたように白く、加えて微毛が生えているために株全体が白っぽく見える。そのためだろう、中国では「白屈菜」と称する。日本名クサノオウは、切ると黄汁を出すところから「草の黄」の意だとする説が有力のようだが、その汁が腫れ物などに外用すると効くことから「瘡《くさ》の王」だという説もあり、あまり定かではない。

語源説の一つに「草の王」の意とするのがあるらしいが、どうして草の王なのかがよく解らない。意外にしぶとい性質からとも思えなくもないが、もっとしぶとい雑草はいくらでもある。薬用に使えるということを加味してもなお理解しがたい。私は、その黄汁が強烈な印象を残すので、「草の黄」説を採りたい。

この黄汁、強烈な印象を残すと共に、何か毒々しい感じがする。それもそのはずで、この黄汁

5

和名：クサノオウ
科名：ケシ科
属名：クサノオウ属
生態：多年草
学名：*Chelidonium majus*

には毒性の強いアルカロイドが含まれ、有毒植物の一つとされるから、口にしたら危ない。有毒植物は危険であるが、用い方によっては薬用として使えるものが多く、クサノオウもその一つ。乾燥させたものを解毒、鎮痛薬として利用されることがあるようだが、君子危うきに近寄らずで、素人は使用しない方が安全だ。ただし、昔から民間薬として、その汁を虫さされや腫れ物、時には疣《いぼ》取りに外用薬的に塗布して使われたそうで、これならばやっても危険はないものと思う。

クサノオウにちょっと似ていて、時に間違えられる植物にヤマブキソウというのがある。同じケシ科の多年草で、クサノオウを大輪にしたような、名の通り山吹色の美しい花を咲かせ、観賞用として庭植えにされたりもする。よく似ているのに、時にクサノオウとは別属として扱われていることもあるが、同属（クサノオウ属）とされていることの方が多く、クサノオウとはかなり近縁の植物と云ってよい。

クサノオウは、わが国だけでなく中国やヨーロッパ一帯にも広く分布していて、彼の地を旅するとよく見掛ける。ヤマブキソウの方は、種名がヤポニクム（*japonicum*）となっているので、わが国の固有種と思うが、不勉強にして外国にもあるかどうかよく知らない。

ヤマブキソウの草丈はやや低く、三〇〜四〇センチメートルほど。クサノオウは何となくなよなよとした感じで頼りない草姿だが、こちらの方はそれよりもしっかりとした趣きがある。クサノオウは平地のあちこちで時には雑草的に生えてくるが、ヤマブキソウの方は丘陵や低山帯の山林樹下でよく見られ、時に群落を作ることがあって、仄暗い林下にその黄色い花が映えて美しい光景を演出する。葉型に変異が多く、深い切れ込みのあるセリバヤマブキソウ、小葉がやや細目で無柄（ヤマブキソウの小葉には短い葉柄がある）のホソバヤマブキソウなどの変種があり、クサノオウよりも花時が早くいずれも四〜五月が盛りだ。このヤマブキソウも茎葉を切ると黄汁を出す。おそらくクサノオウ同様の毒成分を含むだろうが、薬草として用いるという話は寡聞にして聞いたことがない。山野草としての栽培は容易で、半日陰になるようなところへ土に腐葉土を混ぜて植えておくとよく根付き、毎年咲いてくれるし、花後、細長い実莢《みさや》が熟してきたら種子を採って播《ま》いておくと殖やすのも易しい。

わが家の農園にも、あちこちにクサノオウが生える。やはり軍配はヤマブキソウに挙げざるを得ない。

クサノオウも、その花はよく見るとなかなか美しいが、ヤマブキソウに較べると見劣りがするので、観賞用として植えられることはまずない。株がよく育つと、かなり茎が伸びてのたうちまわるように茂り、見られた姿ではなく、少々始末の悪い雑草となる。花は美しいが、茎葉を折ると出る黄汁が何となく毒々しく、衣類につくとなかなか落ちなくて閉口するし、抜き取っていると手の平が黄疸《おうだん》にかかったように黄色くなって、どうもこの草、あまり好きになれない。しかも、この根は直根性で意外に地中深くへ入り、茎をもって引き抜こうとすると地際でぶっつりと切れて、再び芽を出してくる。放っておくと種子がこぼれてやたらと殖えてくるので、見つけ次第抜いている。花を見ると雑草として抜き取るのにちょっと惜しいような気もするが、毒々しい黄汁を考えると、好まざるは取り除く、ということになる。「ごめんネ……」と心でつぶやきながら……。

タケニグサ

Macleaya cordata

木と草とを較べると、その違いの一つに大きさがある。樹木類にも一メートルにも満たない小型のものもあるが、概して大きいものが多い。これに対して草物類は小型のものが多い。しかし、時に草丈が二メートル以上も伸びて仰ぎ見るように大きくなるものがある。その中で一際目立つのが、このタケニグサだろう。

町中の空地から山地まで、広域に野生する植物の一つで、何しろ草丈高く、切れ込みのある大きな葉をつけることと、葉裏や茎が白粉を吹いたように白いためによく目立つ。その太い茎は切ると黄汁を出すことは、同じケシ科のクサノオウやヤマブキソウ同様だが、茎の中は竹のように中空となっていて、竹幹のようだということからタケニグサ（竹似草）と名付けられたと云われる。別にチャンパギクの名もある。チャンパとは古く二世紀頃、現在のベトナムにチャム族によって建国された王国で、中国では占城（チャンパ）と称していた。この草が占城あたりから渡来したものであろうとのことから占城菊（チャンパギク）と云われるようになったというが、もとよりこれは誤りで渡来植物ではない。菊の名は、その葉型がキクの葉状であるところから付けられたもので、もちろんキクの仲間でもない。

タケニグサは竹似草の意であるのとは別に、「竹煮草」の意であるという説もある。この草と

和名：タケニグサ	生態：多年草
科名：ケシ科	別名：チャンパギク
属名：タケニグサ属	学名：*Macleaya cordata*

うに思う。

共に竹を煮ると軟らかくなるからというが、本当かどうか、やはり竹似草の方に軍配が挙がるように思う。

夏になると、丈高く伸びた茎の上部に枝分かれして、ごく小さい白色花を密につけるが、花びらはなく、多数の雄蕊《おしべ》と、中心に一本の雌蕊《めしべ》がある蕊のかたまりの花だ。萼《がく》は二枚あるが、花が開くと同時に落ちてしまい、蕾《つぼみ》の時でないと存在しない。大きい円錐状の花房となって、これまた、けっこう目立つ。

雄大な草姿と繊細な花とのコントラストが、独特な味わいを醸し出す。その感じは山に野生するカラマツソウを大きくしたようだ。わが国では雑草扱いで顧みられないが、欧米では観賞用の宿根草としてしばしば植えられる。昔、このことを知った時、へえ、こんなものを植えるの……、とびっくりした覚えがあるが、むこうの人達は、エキゾチックな植物として興味を持ったのだろう。確かに自然風の広大なイングリッシュ・ガーデンなどにはよくマッチする。それでは、わが国でも観賞植物として見直してみようとも思ったが、どうも雑草的イメージが強烈すぎていただけないし、無数になる種子が方々へ飛び散ってやたらと生えて雑草化してしまう。やはり、わが国では観賞植物扱いをするのは少々無理だろう。

雑草転じて観賞用、というのとは少々異なるが、わが国で馬鹿にされている植物が欧米でモテモテというものがほかにもある。

アオキとヤツデがそうだ。両者共わが国原産の常緑性低木で、日陰を好むところから、裏庭や家の北側によく植えられているが、その多くは家の北側にある便所のくみ取り口の目隠し用としてだった。そのため、アオキとヤツデというと「便所の木」と云われて馬鹿にされることが多い。ところが、そんなイメージのない欧米では、このアオキとヤツデ、今や第一級の観葉樹として人気が高い。あちらの園芸店、花屋などを覗くと、形よく仕立てられた両種の鉢植がよく売られている。「便所の木」というイメージがなければ、ヤツデの葉は造形的に面白いし、アオキにはいろいろな斑《ふ》入りの葉種があって、下手な観葉植物よりもはるかに美しい。かつて、わが国のある生産者がむこうへ行って、この両者が広く用いられているのを見たのだろう。早速、鉢仕立てにしたものを生産し出荷したが、さっぱり売れず、数年で止めてしまった。先入観というのは恐ろしいものである。たぶん、タケニグサを庭園用宿根草として売り出しても、まず売れないに違いない。

タケニグサの茎葉を切ると黄汁を出し、何となく毒々しいが、クサノオウと同じく、この黄汁は有毒である。が、毒も使いようで、昔から「博落廻《はくらくかい》」と称し、駆虫用塗布剤として用いられたというから、役立つ面もあったようだ。

この草は、都会の空地などに多く生えるかと思えば、山地の草原などにもほかの草に抜きん出て生えているのをよく見掛ける、分布域の広い植物の一つである。わが家の農園にもよく生えてきて、気がつくと身の丈ほどにも伸びて、さて引き抜こうとすると、その太い根が深く伸びていて抜くのに往生する。地際で千切れたりすると、すぐに新しい芽を出す。何とも勢力旺盛な植物だ。取り除くには、抜けやすい小さいうちに引き抜いて取ることである。畑や花壇などに生えて大きくしてしまうと、植わっているものが負けてしまう。

花時に風に揺られていると風情があるし、ひらめく白っぽい葉も美しいが、やはり雑草として取り除かねばならないことが、ちょっと気にかかる。

ムラサキケマン

Corydalis incisa

初夏の頃、雑木林や竹林の縁などに、何となく弱々しい茎上に筒状の花を穂状に咲かせる草をよく見掛ける。ムラサキケマンの花だ。株元から何本もの三〇センチメートルほどに伸びる茎を立て、株立ちになって茂り、その茎上に紫紅色の花を群がり咲かせて目につきやすい。茎は無毛で、指でつまむと容易につぶせるほど軟らかく、雨などに打たれると倒れてしまうほどだが、乾くと再び立ち上がる。見掛けは弱々しいが、なかなかのしっかり者である。日本全土、どこでも見掛ける野草の一つで、秋に発芽して細かい切れ込みのある羽状複葉の根生葉を茂らせるが、冬は寒さのためかその葉は赤味がかる。種名のインキサ（*incisa*）は「切れ込みのある」の意で、その細かい欠刻葉も特徴の一つ。

この仲間の花はいずれも筒状で、先端が口を開けたように開き、基部は角を突き出したようにうしろへ伸びる。これを距と云うが、スミレやオダマキなどにも見られ、蜜房の役を果たしている。このキケマン属（コリダリス属 *Corydalis*）には多くの種類があり、花色も紫紅色、黄色、青色、桃色、白色となかなか多彩である。

ムラサキケマンは全国的に分布するが、関東から西へかけての海岸地帯などには、黄色花を咲かせるキケマンというのがある。葉は白味を帯び、ムラサキケマンと違って太い茎を立てるのが

13

和名：ムラサキケマン
科名：ケシ科
属名：キケマン属
生態：越年生１年草
学名：*Corydalis incisa*

特徴で、この茎は赤味を帯びる。上弁先端の背の部分に赤褐色の斑点があり、これが一つのアクセントとなっている。黄花種には、このほかヤマキケマンとミヤマキケマンがあり、前者は花が小さいが、後者は大きく、花びらの先端がよく開く。どちらも名のように山地に生えるが、後者はミヤマ（深山）の名は付けられているものの深山には生えずに低山帯に多い。名前に偽りありというところか。以上はいずれも越年生の一年草だが、多年生種もあり、このグループはどれも地下に小さな丸い球根を持つ。代表的なのがジロウボウエンゴサクという変った名を持った種類だ。花時は春で、先端がよく開く紫紅色がかったピンクの、距の長い可愛い花をあらくつけて咲く。わが国の西部に多く、伊勢地方ではスミレのことを「太郎坊」と称し、本種を「次郎坊」と呼んで、子供達が両種の距をからませて引っ張り合って遊んだと云われる。エンゴサク（延胡索）はこの仲間の漢名である。

　春の北海道を訪れると、林下一面が青く染まるほどに咲く花をよく見掛ける。エゾエンゴサクと呼ばれる種類で、同地の春を告げる花の一つだ。その青さが大変美しく、山草屋で売られていることが多い。北海道に多いが、東北地方にも分布し、北海道のものの方が大型、本州北部のものは小型であることが多く、かなり変異があるようだ。これにちょっと似たものに、本州から四国、九州にかけてかなり広域に野生するヤマエンゴサクというのがあり、花の色がエゾエンゴサクよりやや赤味を帯びると共に花の付け根の苞葉《ほうよう》が細かく切れ込むので区別ができる（エゾエンゴサクは切れ込まない）。時に、葉が細いササバエンゴサクという変種もある。

　球根性の多年生種はエンゴサクの名が付けられ、これは前述のように漢名の日本読みであるが、一年草種は「ケマン」の名が付けられている。ケマンとは寺院内の吊り装飾として使われる華鬘《けまん》のことで、元々は同じケシ科だが別属のケマンソウに由来し、ムラサキケマンの花の色がケマンソウに似て茎葉の感じも似ることから付けられたらしく、それを基にしてキケマンは花色が黄色いからということのようだ。花のつき方は、ケマンソウは別名タイツリソウと云うように、鯛を思わせる紫紅色の花が垂れ下がってつく。キケマン属のものは垂れ下がりはしないが、横向きかららやや斜め下向きにつくところが、何となくケマンソウのムードに似ていなくもない。因みに代表的な高山植物として知られるコマクサは、ケマンソウと同属の植物である。

以前、しばらくの間、山羊を飼っていたことがある。その頃は、わが家のまわりにまだ草が多く生えていたため、春から秋までは草地を移動しながら繋いで、草を食べさせていた。乳の出る間は、一家揃って毎日山羊の乳を飲み、米の消費が少なくなってしまうほど家族の栄養を助けてくれたものだった。

ある年の初夏、竹林のそばに繋いでおいたところ、翌日になってどうも山羊の様子が苦しそうでおかしい。何か毒草でも食べたのではないかと、繋いであったところへ行ってみて、はっと気がついた。そこにはムラサキケマンが生えていて、かなり食べられた跡がある。ケシ科植物には麻酔性をもったものが多い。毒性は弱いと思うが、反芻《はんすう》動物の山羊では第二胃、第三胃へと送られると吐き戻せなくなってしまう。こちらの不注意で、とうとう昇天させてしまった苦い想い出がある。特に有毒植物と解説されているのを読んだことはなかったが、それからというもの、やはりこの仲間、有毒植物と考えた方がよいことに気づいた。

オオマツヨイグサ

Oenothera erythrosepala

近頃は、交通の発達と共に、外来の帰化植物が大変多くなっているが、その先輩格の植物にマツヨイグサの仲間がある。この仲間はいずれもアメリカ大陸原産で二百余の種類があって、環境に対する適応性が高いためか、世界各地に野生化したものが多いようだ。わが国にも、江戸時代に渡来して野生化した南米原産のマツヨイグサを始め、幾つもの種類が居ついている。この中で、渡来後、急速に全国に野生化してしまったものにオオマツヨイグサがある。このグループでは大型で、時に人の背丈ほどに伸び、直径六〜七センチメートルの大輪の黄色花を夜開き、翌日の午前中にしぼんで咲き終る、夜開性の一日花でよい香りを放つ。河原などで群生するのをよく見掛けるが、町中の空地から野や山へかけても、果ては海抜二〇〇〇メートルに及ぶ高地でも見ることがあるほど、その分布域の広さに驚かされる。

なかなか美しい花で、初めは観賞用として持ってこられたようだが、これほどまでに野生化すると有難味が薄れて雑草扱いにされてしまうほどだ。ただ、わが国にはセイヨウタンポポのように在来種の競争相手がなく、セイタカアワダチソウと花粉喘息との関係のようなこともないためか、どうやら悪玉扱いにまではされていないのが救いだろう。

それどころか、宵待草として歌となり、太宰治の名言「富士には月見草がよく似合う」(『富嶽

和名：オオマツヨイグサ
科名：アカバナ科
属名：マツヨイグサ属
生態：越年生１年草
学名：*Oenothera erythrosepala*

百景』）のように文芸作品にもよく取り上げられるのも、宵闇に咲くほのぼのとしたその風情に心引かれるからであろう。ただし、マツヨイグサはあってもヨイマチグサという種類はなく、富士に似合う月見草も本当のツキミソウ（*Oenothera tetraptera*）ではなく、どちらもオオマツヨイグサのことのようだ。

この仲間は、わが国に十種ほどが帰化しているが、名称的には江戸時代に入ってきたツキミソウが有名で、その名がこのグループの総称になってしまっているようだ。本物のツキミソウは白花で、近頃はあまり見掛けなくなってしまった。この仲間は栄枯盛衰が激しいようで、全国的に野生化して勢力を広めたオオマツヨイグサも、近頃は同属のメマツヨイグサやアレチマツヨイグサに押されて、以前ほど見掛けなくなってしまった。

最近は夜行列車に乗ることがとんとなくなってしまったが、若い頃、夏休みに上野発の信越線の夜行列車に乗って採集旅行に出掛けたおり、大宮の大操車場一帯にオオマツヨイグサの大群落があって、車窓から見たその黄金の波に感激した想い出がある。大操車場がなくなった今日では、過ぎ去りし夢というところ。

ツキミソウのグループには、モモイロヒルザキツキミソウやユウゲンショウのように昼咲き性のものもあるが、夜開性種の方が多い。

夜開性の花には、カラスウリ、ゲッカビジン、ヨルガオなどの白花や、マツヨイグサのような黄花のものが多く、また、よい香りを漂わせるものも多い。白や黄色の花は夜目にも目立つし、香りは虫を誘うのに効果があるだろう。こうして夜行性のスカシバなどの蛾によって花粉が媒介される仕組みになっている。

以前、某テレビ局から、オオマツヨイグサの花の開く瞬間を映像に撮りたいので、立ち合ってほしいと頼まれたことがある。相模川の河原に群落があるのを知っていたので、そこで撮影をすることにした。

まだ陽の高い午後の三時頃に河原へ到着、撮影準備を整えて日暮れを待つ。日没頃に咲くだろうとスタンバイしたが、いっこうに開く気配がない。蕾《つぼみ》はかなり膨らんでいる。アサガオの場合には早朝に蕾がほぐれるようにして開くので、オオマツヨイグサも同じような開き方をするだろうと思っていたが、ほぐれる気配もない。

陽は完全に落ち、闇があたりを包み始める。膨らんだ蕾はあちこちにあるが、まだ開かない。痺《しび》れを切らしながら待つが、いっこうに開かない。そのうちに、闇をすかしてまわりを見ると、いつのまにか点々と咲いているではないか。

目前の蕾をじっと見つめる。さっぱり咲いてくれない。くたびれてちょっと横を向く、「ああ……、いつ咲くんだろう……」と目を戻すと、何と、いつのまにか咲いているではないか。よしッ、今度こそは、と蕾を見つめる。ちっとも開かない。疲れてちょっと目をそらす。目を戻すともう咲いている。すっかり馬鹿にされた感じで、オオマツヨイグサに翻弄されてしまったが、遂に開く瞬間を見た。ほぐれるように開くと思い込んでいたが、何と、一瞬にして開くのである。時計を見ると午後八時を廻っている。三時から八時までの五時間、辛抱の甲斐あって無事撮影を終え、闇夜にほの黄色く浮ぶオオマツヨイグサの花に別れを告げて河原を後にした。どっと疲れを覚えたが、カメラマンの方がより疲れたに違いない。

ノアザミ

Cirsium japonicum

ＴＢＳラジオの「全国こども電話相談室」で、子供達からしばしば受ける質問に、

「サボテンにはなぜトゲがあるの？」

「バラにはなぜトゲがあるの？」

というのがある。植物の刺《とげ》がなぜあるのか？　という質問である。

「トゲに触ったことがある？」

「うん」

「痛かったろう…」

「うん、痛かった」

確かに、誰でも触れば痛い。二度と触りたくなくなる。

「トゲはネ、動物などに食べられないよう、身を守るためにあるんだと思うヨ……」

これは常識的な回答だが、植物全体から見れば刺のない植物の方が多い。アフリカに野生するトゲアカシアは恐ろしく鋭い刺を持つが、象やキリンは好んでこの葉を食べる。この常識的な回答、果たしてこれでよいのだろうか。

それはさておき、草物の中で刺のある代表的な植物がこのアザミの仲間であろう。葉に鋭い刺

和名：ノアザミ
科名：キク科
属名：アザミ属
生態：多年草
学名：*Cirsium japonicum*

を持つものが多く、ちょっと触っただけで思わず手を引いてしまうほどだ。中にはヒレアザミ類のように、茎にまで刺がある針鼠《はりねずみ》のような種類もある。牧場などでアザミ類が咲いているのをよく見掛けるが、どうやら牛や羊などもその刺を敬遠して食べ残すようだ。こうなると、やはり身を守るのにかなり役立つ面もあるようだ。

アザミの名の付く植物は大変多い。花の下部が、鱗《うろこ》状の総苞片《そうほうへん》で固められたようになり、そこから細い蕊《しべ》の突き出た管状花を多数密集して咲かせる。花容は独特で、このような花をアザミ状花と呼ぶ。同様のスタイルを持つ花にアザミの名を冠したものが多いが、一属ではなく幾つものグループに分けられ、その分類はなかなか複雑だ。

代表的なのがアザミ属（キルシウム属 *Cirsium*）で、ノアザミがこの仲間の右代表と云える。本州から九州に至るまで広く分布していて、名のように野原や路傍などで最もよく見掛けるアザミだ。六〇～九〇センチメートルに伸びる硬い茎を立て、先が枝分かれして紫紅色の花を咲かせる。羽状に鋭く切れ込む葉先には刺がある。アザミ類は秋咲きのものが多いが、ノアザミは晩春から夏へかけてが花時で、平地で五～六月に咲くアザミを見れば、それがノアザミと思ってよい。しかも、総苞を触るとネバネバしているので多種との区別がつく。

園芸種にドイツアザミというのがあって、ドイツ原産かというと、これが全くの嘘で、わが国のノアザミを改良したものである。「寺岡あざみ」という品種が代表品種で、これには紫紅色花のほかピンクや白花種もあり、切り花として使われる。これをさらに大輪にした見事な花を咲かせる「楽音寺あざみ」という品種もあるが、アザミ類で園芸化されているのはこのノアザミだけだ。

アザミ属の植物は、わが国だけでも五十～六十種もあると云われるほどの大一属で、ノアザミが代表格だが、これとよく混同されるのにノハラアザミというのがある。中部以北の山野に多く、時に群落を作ることがある。かつて初秋の赤城山を訪れた時、これの大群落に出会い、息を呑む美しさに感激した想い出がある。ノアザミによく似た花だが、花時が秋であることと、総苞片が粘らない点が違う。また、花色もやや淡い。

大型種で有名なのが、富士山の溶岩礫地に多く野生するフジアザミである。すべてが大柄で、直径七〜八センチメートルの見事な大輪花をうつむき加減に咲かせ、まさにアザミ類の王様というところ。富士山に多いが、他地でも山の崖地などで見ることがある。

フジアザミほど大型ではないが、その姿がいかついことから鬼の名を冠したオニアザミというのもある。

また、名前の意味を間違えやすいものにモリアザミがある。「モリ」を森と考えやすく、私も初めはそう思っていたが、このモリとは銛《もり》のことで、総苞片が細長く尖っていて周囲へ開き、その一片が銛のようだからということで名付けられたようだ。漢字で書けばすぐに解るが、仮名で書かれるとこのような誤解を生じることがしばしば起る。といって、すべてを漢字、特に漢名で書くと、これがまた間違った漢名を使っていることが多く、そのために学術的にはすべて片仮名で記すことになっている。でも、漢字で書かぬと感じが出ないということもあるが……。

わが国は、晩春から秋へかけて、どこへ行っても何らかのアザミの花を見ることができる。千々の草々から抜きん出るように茎を伸ばして、その先々に咲く紫紅色の花は、山野の彩りとして配剤と云えよう。

刺多きその葉とは裏腹に、花には優しさがある。巨大花を咲かせるフジアザミなど、うつむき加減に咲く種類などは、しおらしささえ感じてしまう。

ヒメジョオン

Erigeron annuus

帰化植物の中には爆発的に繁殖したかと思うと、その後衰退してゆくものがよくあるが、それに対して全くその気配を示さずに殖えっぱなしと思えるほど、未だにどこへ行っても目につくものがある。その一つがヒメジョオンという北米原産のキク科一年草だ。時には一メートルを超す直立する茎を伸ばし、先の方で枝分かれしながら、白く、花心の黄色い細弁の頭上花をたくさん咲かせる。町中の空地に野生することが多いが、野や山にまで夏の訪れと共に至る所にその白い花を群がり咲かせる。まさに雑草の代表とも云えるが、よく見るとその花はなかなか可憐で、花の美しい雑草の一つとも云えよう。わが国へは明治維新前後に渡来したと云われ、都会地を中心に全国へ広がったようである。

根生する葉は長目の楕円形で、あらく切れ込みがあり、切り花用草花のエゾギクにちょっと似ている。茎につく葉は切れ込みがなく細長い柳葉となり、あまり目立たぬが微毛がある。葉型にかなり変異があり、根生葉に切れ込みがなく、やや細葉のヤナギバヒメジョオンと呼ばれるものや、葉が箆《へら》状をしたヘラバヒメジョオンというのもあるが、いずれも同じような花を咲かせる。

この仲間はムカシヨモギ属（エリゲロン属 *Erigeron*）と云い、多くの種類があり、高山植物として知られるミヤマアズマギクやアズマギクのように、淡紫色の美花を咲かせ、山野草として培

ヒメジョオン
Erigeron annuus

25

和名：ヒメジョオン
科名：キク科
属名：ムカシヨモギ属
生態：越年生１年草
学名：*Erigeron annuus*

養観賞される種類もあるが、雑草扱いにされるものの方が多い。海辺地域に多いアレチノギク、北米からの帰化植物で人の背丈以上に伸びて空地・路傍などに群生して生えるヒメムカシヨモギなどがある。ヒメムカシヨモギは、ヒメジョオンと同じ頃に渡来したため、別名を明治草とか御維新草の名があり、また鉄道草とも云われる如く、鉄道によって種子がまたたく間に全国に運ばれて野生化したものである。ヒメジョオンは、その白い花がまだしも愛でられるが、ヒメムカシヨモギの方は無数に花をつけても、観賞に堪えるような花ではなく、雑草の中の雑草というところ。それどころか、花から冠毛をつけた種子を無数に飛ばすので、放っておくと、あっという間に殖えて始末に負えなくなる。

ヒメジョオンも、花は愛らしいとはいうものの、やはり、ああはびこられると、どうしても雑草として厄介者扱いされてしまう。

このヒメジョオンに近い種類に多年生のハルジオンというのがある。七〇～八〇センチメートルに伸びる茎先に、ヒメジョオンに似た白色黄芯の花を何輪もまとめて咲かせる。白い花ばかりでなく、ピンクのもの、うす紫のものなどがあって、ヒメジョオンよりはるかに観賞価値が高い。そのために今では殖えすぎて雑草扱いにされてしまっているが、元々は大正時代に観賞用草花として持ち込まれたものだ。

ヒメジョオンとは、花時が春咲きであるという違いのほか、茎を切ると中が中空となっているので区別がつくし、咲く前の蕾はうつむいてどこかしおらしい感じがする。観賞用として庭植にしてみたいとも思うが、この草、一つ始末に悪い点がある。引き抜いた時、根が切れて残ると、残った根から芽を出してくる。下手をすると抜けば抜くほど殖えてしまうことになりかねない。悪名高い帰化植物のセイタカアワダチソウが、刈り取れば刈り取るほど地下茎が広がってよけいに殖えてしまうそうだが、それによく似ている。

ヒメジョオンは姫女苑と書く。女苑を「ジョオン」と発音するのは間違いないが、近縁のハルジオンの場合には「ジョオン」ではなく「ジオン」と云い、漢字では春紫苑となっている。紫苑＝シオンはわが国原産のシオン属（アステル属 *Aster*）の代表種で、エリゲロン属とは縁の遠い別属の植物だ。よく観賞用として庭植えされる宿根草で秋日を飾る。これと同属の近い種類に、白色花を咲かせる小型のヒメシオンというのがあり、昔の学者がこれに漢名、女苑を当てたが、これは誤りであって、この辺からジョオンとシオンとの混同が起ってしまったように思う。私としては、ハルジオン（春紫苑）ではなく「ハルジョオン」（春女苑）と呼ぶ方が妥当だと思うのだが、どうであろうか。困ることに、ヒメジョオンを「ヒメジオン」と云う人がけっこう多い。正確な植物名とはなかなか厄介なものだ。

わが家の農園にも、ヒメジョオン、ハルジオン、ヒメムカシヨモギのエリゲロン三点セットが至る所に生えてくる。ハルジオンは花が咲くと、その花の優しさにどうも引き抜きがたく、心の中で「ごめんヨ」と念じながら抜くが、残った根からやたら芽生え出てくると始末に負えず、憎さ百倍となる。ヒメジョオンの方は咲き出すと、ちょっと可哀想かナ、という程度。ヒメムカシヨモギは放っておけば人がかくれるほど大きく茂り、そこまでおくと大骨が折れるし、その花はどう見ても美しいとは云いがたい。この三点セットの中で取り除くのに最も抵抗感がない、などと云うと差別待遇だと怒られるかもしれないが、正直云ってこれが私の本音である。

ホタルブクロ

Campanula punctata

六月から七月へかけての梅雨時は春の花が終り、夏の花が盛りとなる合間となって、咲く花が少なくなる時期だが、この季節を待って咲く花もある。代表的なのがアジサイとハナショウブ、紅一点のザクロの花。目立たないが、ナンテンやマンリョウ、センリョウの花もこの時期に咲く。この中でザクロだけは中近東生れだが、ほかのものはわが国に野生する植物で、梅雨時の花に、わが国原産のものが意外にあるのは面白いことだ。これも梅雨の国への天の恵みであろうか。

この梅雨時の、わが国に野生する花の一つにホタルブクロがある。土手などに、下草から抜き出るように茎を伸ばし、その先々に大きな釣鐘状の花を何輪も垂れ下げて咲く風情が何とも云えない。色はややくすんだ赤紫色だが、かえって、落ち着いた、静かなムードを漂わす。そのため、茶花としても好まれるし、茶室の庭などにも植えられる。

花の色にかなり濃淡があり、時には白花のものもある。山地に生えるものをヤマホタルブクロと称し別種扱いにされることがあり、花色がホタルブクロより濃いと云うが、必ずしもそうではないようだ。また萼片《がくへん》の形状が違うとも云われるが、両種の中間型もあって実際には区別しにくく、同種と考えてもよいものと思う。

ホタルブクロは蛍袋の意で、昔、ホタルが多かった頃、子供達が捕まえたホタルをこの袋状の

29

和名：ホタルブクロ
科名：キキョウ科
属名：ホタルブクロ属
生態：多年草
学名：*Campanula punctata*

花の中へ入れて持ち帰ったところから名付けられたと云われる。異論もあるようだが、ホタルが飛び交う時期にはこの花が咲いているだろうし、もし、この説が本当であるならば、ほのぼのとした心温まる名の付けようだ。

ホタルブクロはキキョウ科のホタルブクロ属（カンパヌラ属 *Campanula*）の一種で、この仲間は非常に多く、北半球の温帯域に分布し、その数二百五十種に及ぶと云われる。わが国にも、変種まで含めると六種ほどが野生し、ホタルブクロはその代表種で、草姿、花共に最も大型で立派なため、山野草としても扱われる。ただし、園芸的には同属のヤツシロソウの方が多く扱われ、切り花用として改良種もある。

ヤツシロソウは九州に野生するが、非常に広域に分布する植物で、その分布域は北アジアからヨーロッパまでと広く、私はカナダの西部で見掛けたことがある。学名をカンパヌラ・グロメラータ（*Campanula glomerata*）と云い、種名のグロメラータは「集団の」という意味で、この花が茎頂に上向きにかたまってつくことから名付けられたようだ。

ホタルブクロの学名はカンパヌラ・プンクタータ（*Campanula punctata*）、種名のプンクタータは「細かい点のある」という意味で、この花の内側に細かい斑点模様があるためだ。ほかの植物でもプンクタータという名が付けられていれば、花に斑点模様があると思ってよい。属名のカンパヌラは「小さい鐘」という意味で、その花型による。

カンパヌラ属の花には二つのタイプがあって、ホタルブクロのように筒状の釣鐘型のものと、花の先が星形に五裂する星咲き型のものとがある。ヤツシロソウは星咲き型に入る。

釣鐘型のもので、西洋のホタルブクロとでも云える種類にカンパヌラ・メディウム（*Campanula medium*）というのがあって、古くから園芸化され改良種が多々ある。ピンク、白、藤青色と、優しい色合いのものが多く、中にはカップ・アンド・ソーサー（Cup and soucer）という、萼が発達して色付いて広がり、中に鐘状花を容する二重咲きとなったものもあり、さらに萼が花同様の鐘状となって重なる完全な二重咲きのホーズ・イン・ホーズ（Hose in hose）という品種まである。多くは草丈七〇～九〇センチメートルとなる高性種で、花壇や切り花に使われるが、近頃は鉢植向きの二〇～三〇センチメートルの矮小性種も売り出されている。このメディウム種の日本名フウリンソウは、その花の姿ぴったりの名前だ。原産地はヨーロッパで、私もイタリアのフィレンツェ近くと、スペインのバルセロナ近郊、モン・セラットの修道院近くでその野生を見たことがある。

わが国で女子の園芸教育を行う唯一の短大である、恵泉女学園園芸短期大学で長い間講師を務めてきたが、同短大育ての親とも云える山口美智子教授（故人）が、ホタルブクロの風情とフウリンソウの優しい花色を備え合わせた新しいカンパヌラを作ろうと、両種の交配を続けられたが、どうしてもうまくゆかずに終ってしまったことがあった。種間雑種は、植物によってかなり容易に成功するものもあるが、不成功に終ることの方が多い。

しかし、バイテク技術が発達した今日では、昔は不成功に終ったものが成功している例も多くなっている。ユリ類の品種改良などはそのよい例であろう。その後、ホタルブクロとフウリンソウの種間交配が行われたということを聞かないが、新しいバイテク技術を応用すれば成功するような気がする。誰か、この和洋を結びつける新しいカンパヌラの改良を試みる人がいないだろうか。

ヘクソカズラ

Paederia scandens

ヘクソカズラ、漢字で書けば屁糞蔓。植物の名前には時々ひどいものがあるが、中でもこのヘクソカズラほどひどい名前はないだろう。何しろ屁と糞であるから最悪である。

属名のパエデリア（*Paederia*）も「悪臭」という意味であるから、この草、よほどひどいにおいがするに違いない。事実、この草を千切って嗅いでみると、まさに屁糞のにおいがする。このような名前を付けられたのも致し方ないだろう。植物の中には悪臭を放つものが時々ある。中でも、アフリカの砂漠地帯に野生するスタペリア（*Stapelia*）の仲間の花は腐肉臭を放つことで有名だが、これは砂漠のようなところにもいる蝿を、花粉の媒介昆虫として誘い寄せるためと云われている。スタペリアにとっては、このような必然性があることは理解できるが、さて、このヘクソカズラの悪臭はそのような必然性があるのだろうか。この草に、蝿が集まっているのは見たことがない。茎葉ににおいを持つペラルゴニウム属（*Pelargonium* 一般にはゼラニューム類と呼ばれる）は、その鉢植を置くと蚊や蝿が寄りつかないとよく云われるが、ヘクソカズラもその悪臭によって害虫から身を守っているのかもしれない。ヘクソカズラ以外にも、茎葉に悪臭を持つ植物は時々ある。花壇用草花としてポピュラーなペチュニアやクレオメ（酔蝶花《すいちょうか》）もヘクソカズラほどではないが、葉を嗅ぐと嫌なにおいがする。花のにおいにはスタペリアのように超悪臭

和名：ヘクソカズラ
科名：アカネ科
属名：ヘクソカズラ属
生態：多年草
別名：ヤイトバナ、サオトメバナ
学名：*Paederia scandens*

を放つものもあるが、だいたいは、においを持つ花はよい香りのことが多い。

ところが、切り花、特に花束の添え花として人気の高い宿根カスミソウの花は嫌なにおいがする。にもかかわらず、これほど人気があるのはどうしてだろう。もっとも、それほど強い悪臭ではないことと、少しではほとんど感じられないので、「カスミソウは嫌なにおいがするヨ」と云っても、たいていの人が「へえー、ほんと?」と、びっくりする。普通の嗅覚の人なら解らないだろうが、嗅覚の敏感な人にとっては嫌な花に違いない。

それはさておき、このヘクソカズラの花はその茎葉の悪臭とは裏腹に、大変チャーミングで愛らしい花を数多く咲かせる。蔓《つる》の先の方の葉腋《ようえき》から短い花梗を出して、筒状で先端が五裂して開く小さな花を咲かせる。開いた花びらの縁が細かくフリンジ状に切れ込み、白地で中心が紫紅色というなかなかしゃれた花だ。小さな花だが、たくさん咲き出すとフェンスにでもからませて観賞用に植えてみたくもなる。が、何にしても花のにおいを嗅ぐとご免こうむりたくなるし、何にでもからみついて猛烈に茂る。地表近くに地下茎を張りめぐらして、どこにでも生えてくる。生け垣などにからむと生け垣を覆いつくしてしまうこともある。いくら花が可憐でも、こうなってはやはり雑草扱いするより仕方がない。神様も、ずいぶん罪作りなことをしたものだ。

蔓植物は他物にからむ時、いろいろなからみ方をする。ウリ科の植物は葉先から巻鬚《まきひげ》を出して、これが他物に巻きついてよじ登るようにからむし、ツタは吸盤によって吸いつきながらよじ登る。このほか、蔓より根を出して、これを樹皮や岩の隙間に食い込ませて張りつくものもある。多いのは蔓を他物に巻きつかせるタイプで、アサガオやツルインゲンなどはその典型的な植物だが、ヘクソカズラもこの部類に入る。

巻きつき型のものには、巻く方向が右巻きのものと左巻きのものとがある。アサガオなどヒルガオ科の植物は、ほとんど左巻きとなる。ヘクソカズラはどちらだろうと調べてみたら、『牧野日本植物図鑑』では「左方に纏繞《てんじょう》する」と記されている。これは左巻きということだろう。ところが、念のためにと、わが家に生えるヘクソカズラを調べてみたら、どう見ても右巻きである。一体、どちらが本当なのか。

アサガオは左巻きが定説となっているが、学者によっては右巻き説をとなえる人がいるという。巻く方向は決まっているから、この右巻き説というのは不思議である。ところが、この逆説も実は間違ってはいない。巻く方向は、上から見た場合で定めてあるようだが、蔓を下から見ると反対となる。物は見方、ということか……。この場合にはどちらも間違いではないということが理解できるが、ヘクソカズラの場合には、定説に従って上から見て「左方に纏繞する」となっているが、私が直接調べてみると、明らかに上から見て右巻きである。植物図鑑のミスプリントか、私の見間違いか、誰かに判定してもらう必要があるようだ。

「ナニ？　左へ巻こうが右へ巻こうが、天下の大勢には影響がないって？」

そう云われれば、そうかもしれないが、どうもこのこと、気に掛かって仕方がない。

ヘクソカズラ、別にヤイトバナとも云う。花の中心が赤いところから、灸を据えた跡のようだということらしい。また、その花の可憐さからサオトメバナとも云う。この名を以て、汚名を雪《すす》ぐとよいだろう。

オオバコ

Plantago asiatica

平地から、かなり山の高いところまで、わが国のどこへ行ってもよいほど見掛けるのがオオバコだ。オオバコの意は大葉子で、幅広の濃緑色の葉を地面に張りつくように広げる。わが国だけではない。海外どこへ出掛けても、この仲間の野生を見掛けるような気がする。

昔、中国で、ある高貴な人が車で通りながら路傍に生える草に目をとめ、従者にその名を尋ねた。それを知らなかった従者が、とっさに車の前に生えていたので「車前草と申します……」と答えたことから、漢名「車前草」と云われるようになったとの説が専らだが、車の轍《わだち》の跡によく生えるところから名付けられた、との説もある。確かに人や車が頻繁に通る路傍に多く、踏まれても踏まれても枯れずに生き残る、恐ろしく生命力の強い草だ。山中で迷った旅人が、オオバコが生え続くのを見つけて、これを辿って人里に行き着いたという話があるほど道端に多い。このような道草？　なら大いに歓迎と云いたい。

オオバコは根生葉の中から直接花茎を立て、目立たない小花をぎっしりと穂状につけるが、この花、二度咲きをするという面白い性質がある。というのは、まず白い糸状の雌蕊《めしべ》を突き出した雌花が先に咲き出し、その後、先端に葯《やく》をつけた糸状の雄蕊を四本突き出した雄花が咲き出す。

和名：オオバコ
科名：オオバコ科
属名：オオバコ属
生態：多年草
別名：オンバコ、カエルッパ、ゲエロッパ
学名：*Plantago asiatica*

夫婦全く別々に登場するわけだ。自家授粉による近親繁殖を避ける巧みな構造となっている。

オオバコは花粉が風によって運ばれる風媒花で、そのむき出しとなってつく雄蕊の葯は、まともに風に晒《さら》されて花粉が飛び散る。授精されてできた種子はこぼれ落ち、水に濡れると粘って何にでもくっつく。そこへ車が通れば車輪にくっついてどこへでも運ばれてゆく。歩く人の履物にもつく。車や人が通る道路端に多いのも当然だ。そしてこれが、時には道標ともなる。

いろいろな種類が世界各地に分布するが、わが国には四種ほどが野生し、代表的なオオバコのほか、海岸地に野生するトウオオバコは最も葉が大きく、大きなものでは葉の長さが三〇センチメートル以上となることがある。これこそ、まさに大葉子である。トウオオバコは唐大葉子の意だが、学名は種名がヤポニカ（*japonica* 日本産の意）で、わが国の固有種で中国産ではない。大柄で、花茎も一メートル近く伸び、どこかエキゾチックなムードがあるので、このような名前を付けてしまったらしい。そのほか、高山性のハクサンオオバコ、北海道に多いエゾオオバコがある。

至る所に生え、わが国の植物然としているが、元来はヨーロッパからのお客さんで、ヘラオオバコというのがある。葉が細長く、長い花茎を数多く立て、花穂の先の方に雄花が輪状に広がって、竹とんぼが舞っているようで面白い。これともう一種、北アメリカ生れで近頃殖えだしてきたツボミオオバコの計二種が、外来の帰化したオオバコだ。

ヨーロッパで山歩きをすると、優しいうすピンクの花穂を立てるオオバコをよく見掛ける。プランタゴ・メディア（*Plantago media*）という種類で、オオバコ類の中では最も花の美しい種類。しばしば群落を作り、うす桃色の花穂がそよ風に揺らいでまことにのどかだ。また、アルプスの高山地には丈の低いアルパイン・プランテイン（Alpine Plantain）と称するアルピナ種を見掛ける。花は地味で美しいとは云えないが、アルピナと云われると、何となく有難味を覚えてしまうのがおかしい。

オオバコというと雑草扱いにされてしまうが、車前草の名では有名な薬草となる。この葉や種子（車前子）を煎じたものは、咳止め、利尿、頭痛、下痢止めに効き、葉を塩もみしたものは、おできの膿《うみ》出しにも使われるなど、その効能を調べると何にでも効く万能薬的存在のようで、これが事実ならば雑草どころか、貴重な薬草と云わなければならない。薬局方にも収められているというから、まんざら嘘ではないようだ。また、若葉はひたし物にしても食べられるそうだから、薬膳的効果もあるかもしれない。

一方、わが国では古典園芸植物として古くから、この園芸品種が作られていた。中でも葉が渦巻き状となり、サザエの殻のような形のサザエオオバコがよく知られ、この斑《ふ》入り葉種は特に珍重される。園芸がブームであった江戸時代から、このような珍貴植物がもてはやされると共に、その辺の雑草の中からも、ツユクサやドクダミのように園芸品種が作り上げられたと云うから、日本人の園芸好きは今に始まったことではない。

薬用に、観賞用に、路傍の雑草どころか私達のために大いに役立ってくれたのが、このオオバコである。オオバコは、俗にオンバコとも呼ぶが、この呼び方の方が何か親しみがあって、この草をより身近に感じさせる。別にカエルッパ、地方によってはこれが訛ってゲエロッパとも云う。何でも死んだ蛙をこの葉で包むと生きかえるということからきたらしいが、これは一種のしゃれ言葉だろう。

ヒルガオ

Calystegia japonica

朝開くのでアサガオ、夕方から咲くのでユウガオ、そして昼間咲くのでヒルガオと云うが、実に単純明快な名前の付け方である。

夏の訪れと共に、フェンスなどにからみついて咲くヒルガオの優しいピンクの花は、夏到来を告げる野草の一つだ。都会地でもよく見掛けるが、コンクリート・ジャングルと化した町中でこの花に出会うと、何かほっとした思いがする。野草の中では美しいものの一つである。

わが国でヒルガオと呼ばれるものには二種類がある。ヒルガオとコヒルガオだ。

ヒルガオの方が花が大きく直径五〜六センチメートル、濃いピンクの、アサガオ同様の漏斗状花を咲かせる。コヒルガオの花は直径三センチメートルほどと小さく、うすいピンクの花を数多く咲かせる。ヒルガオの花は艶やかなムードを漂わすが、コヒルガオの方は可愛い乙女という感じだ。葉型も少々違う。コヒルガオは鉾型で葉片の張り出しが目立つが、ヒルガオの方は、よく似た葉だが張り出しが目立たず、大きさもコヒルガオより大きい。もう一つの違いは、萼《がく》を両側から包むようにつく二枚の苞《ほう》の形で、苞片の先が、ヒルガオでは丸みを帯びてややくぼむが、コヒルガオは尖っていることだ。属名のカリステギア（*Calystegia*）は「萼が覆われている」という意味だそうだから、萼が苞で包まれているのも、このグループの特徴の一つである。

41

和名：ヒルガオ
科名：ヒルガオ科
属名：ヒルガオ属
生態：多年草
学名：*Calystegia japonica*

両者共にたくさんの花を咲かせるが、ほとんど種子がならない。自然界の種子植物は、種子によってその分布を広めるのが原則だが、時々ヒルガオのようにほとんど結実しないものや、ヒガンバナのように全く種子をつけぬものがある。種族繁栄のためには極めて不利なことであるにもかかわらず、ヒルガオにせよヒガンバナにせよ広域に分布しているのはなぜだろう。

ヒルガオ、コヒルガオ共に、地下を横走する白い地下茎があり、これから芽を出してくる。この地下茎、小さく切れても芽を出す。最近の新興住宅地など、よそから運んできた土で埋め立てることが多い。この土に、ヒルガオの地下茎が混じっていれば根づいて芽を出し、たちまちのうちに殖えるだろうし、植木の根土に混じって運ばれてきて居着いてしまうことも考えられる。土の移動と共に分布を広げるのではないだろうか。

アサガオが多彩に品種改良されたように、ヒルガオを品種改良して、いろいろの花色のものができたら面白いだろうと考えたことがあった。これができれば、朝はアサガオを楽しみ、日中いっぱいヒルガオが楽しめる。ところが、このヒルガオはほとんど結実しないため、いくら交配したりしても無駄のようだし、種子が多く採れなければ品種改良もまずできない。野生のものも、ほとんど変異が見られないし、この考えは夢に終ってしまった。

わが国各地の海岸に、砂浜を這うように茂り、ヒルガオによく似た花が咲いているのを見掛ける。葉は、ヒルガオのように長くなく、硬く厚手で艶があり、海浜性植物独特の特徴を示し、丸い腎臓形をしている。ハマヒルガオという種類で、海辺の景色によく似合う。これもヒルガオと同属の植物で、こちらの方はよく種子をつける。これによく似て、沖縄などの暖地海岸にはグンバイヒルガオというのがある。丸形の葉先が切れ込み、軍配のような形をしているのでこの名がある。この種類、亜熱帯・熱帯各地の海岸に広く野生していて、ハマヒルガオより大柄で、直径四〜五センチメートルの、中心が濃くなる淡紅色の花を咲かせる。花色にかなり濃淡の差があり、時に白花を咲かせるものもある。ハマヒルガオと住処も同じく海辺の砂浜で、草姿、花容もよく似ているため、同属の近縁種かというと、実は別属でサツマイモと同じイポモエア属（*Ipomoea*）の植物である。大きな違いは、ヒルガオ・グループのように萼を包む苞片がないことだ。

世界各地を旅すると、どこへ行ってもヒルガオの仲間にお目にかかるような気がする。コヒルガオのような小輪のものが多く、花の色もピンク系がほとんどだが、時には白花のものもある。コヒルといって、わが国のコヒルガオとも違う。よくだまされるのが、グンバイヒルガオと同じイポモエア属の種類で、やはり萼を包む苞片の有無を確かめることが決め手だ。

ヒルガオもコヒルガオも、フェンスや生け垣にからみついて咲く姿はけっこう楽しめるが、その蔓《つる》は何にでも巻きついて、繁茂すると始末の悪い雑草となってしまう。巻きつき方は、アサガオ同様に上から見て左巻き。

植えてある植物に被害を及ぼすことの少ない、フェンスにからんで咲くものは、そのままにして夏の花として楽しんでもよいようにも思うが、何となく雑草というイメージが強いためか、取り除かれてしまうことが多い。取っても取っても、地下茎が少しでも残るとすぐに生えてくる。根絶することが難しいことも、雑草扱いにされてしまう理由であろうか。

ヤブガラシ

Cayratia japonica

蔓《つる》植物は伸び始めると、あれよあれよと云うばかりに伸びて、たちまちにして茂ってしまうものが多いが、ヤブガラシはその最たるものだろう。春になると、やたらにあちこちから赤紫色がかった芽を出し、五枚の小葉を持つ掌状の葉を広げ始めると、留まるところを知らずという勢いで伸びてくる。立木があると、節から出る巻髭をからみつかせてよじ登り、あっという間に樹上に顔を出し、その後に伸びる蔓は樹冠にかぶさるように覆いつくしてしまう。加えて幅広の五枚の小葉が茂るため、とりつかれた木はヴェールをかぶされて陽が当らなくなる。光合成が充分に行えないから当然衰弱してくるし、ひどい時には枯れてしまう。まさに藪枯らしである。別にビンボウヅルやビンボウカズラの名もあるが、ナズナ（貧乏草とも呼ばれる）と並んで気の毒な名を付けられた代表的な植物だ。

蔓も枝分かれして猛烈に茂るが、地下に横走する茶色の地下茎も分岐しながらどこまでも這いずり回り、至る所に芽を出してくる。ヒルガオ類同様、ちょっとした地下茎のきれっぱしからも芽を出すから、これを完全に退治するのは困難どころか、まず不可能に近い。上も茂る、下もはびこる。嫌がられるわけだ。

というわけで、嫌われる雑草中でも最も始末に負えない雑草だが、夏に咲くその花はよく見る

ヤブガラシ
Cayratia japonica

45

和名：ヤブガラシ
科名：ブドウ科
属名：ヤブガラシ属
生態：多年草
別名：ビンボウヅル、
ビンボウカズラ
学名：*Cayratia japonica*

と意外に可愛い花である。節から葉と対生して花茎を出し、その先は三つ分かれしてさらに二股、二股と細かく分かれて米粒のように小さな蕾《つぼみ》を無数につけて、傘を広げたような花房をつくる。花びらは四枚あり、緑白色で横に開くが、ルーペで見ないと解らないほどに小さい。花は、二番目の二股に分かれるところの付け根にポッポッと咲いてくるので、一度にたくさんは咲かない。咲いた花は花盤と呼ばれる、わずかに四つにくびれる皿形の中央に雌蕊《めしべ》が一本突き出て、周囲に四本の雄蕊がある。この雌蕊と雄蕊のつく花盤が、赤味がかったオレンジ色をしていて意外に目立つ。ヤブガラシの花の可愛さは、このオレンジ色の花盤の色合いにあるように思う。

花はごく小さいが、けっこう蜜を出すとみえて、アゲハチョウなどの蝶がよく集まる。昆虫採集に夢中であった頃、この花の前で蝶が飛んでくるのを待ったのも懐かしい想い出だ。その頃の私にとっては、憎らしき雑草というよりも、愛すべき大切な花であった。

ヤブガラシは巻髭《まきひげ》が巻きついてよじ登るが、この巻髭が面白い。ほかの巻髭は一本で螺旋状に巻きつくものが多いのだが……。

以前、ＴＢＳラジオの「全国こども電話相談室」で、「ヘチマの巻髭が途中で逆巻きになるのはなぜか?」という質問を受けて慌てたことがある。それまで確かめたことがなかったので、宿題にして家へ帰り、近所でヘチマを見つけてよく見たら、まさにその通り。こんな細かいところを、子供がよく見つけたと感心させられた。これは物理学的に、途中で逆巻きになると、抜けそうになった時によく締まって、抜けにくくなるためだということらしい。

さて、このヤブガラシの巻髭、始めは一本で伸びるが、そのうちに二本に枝分かれして二股となる。そして、両腕を広げたようにして二本の巻髭でしっかりと掴むようにして巻きつく。こうなると、巻きつかれた方は縄抜けしようと思っても逃げられない。巻髭を伸ばす植物は、あの手この手で掴まえたものを放すまいとする。これも自然界の巧みな仕組みといえよう。

花にはちょっと気が引かれるが、何しろ藪枯らしである。放っておくと植わっているものを枯らしかねない。あまり成長しないうちに、どんどん引き抜いて取り除かねばならない。ところが、蔓の付け根は張りめぐらされた地下茎に繋がっている。抜けたと思っても、地下茎が残ればすぐにまた生えてくる。それならばと、地下茎を掘り出してしまおうとやってみても、どこまでも続いていて、必ずと云ってよいほど途中で切れてしまう。それでも、少しでも多く地下茎を取ってしまおうと汗を流す。掘り上げた地下茎の山は乾かして処分してしまうが、何かに利用できないだろうか。調べてみたら、中国では「烏斂苺《うれんばい》」と称して生薬として漢方で用いるという。さすが漢方の国である。その根や蔓、葉は、利尿、鎮痛、解毒、消炎などの働きがあるという。漢方薬ばやりの今日、始末に悪い雑草として厄介視されるこのヤブガラシの利用法として、注目してもよいのではなかろうか。

このほか、ヤブガラシの新芽は和え物などにして食べられる、ということを聞いたことがある。新芽は軟らかくてうまそうだが、まだ試してみたことがない。どうも憎き雑草のイメージが強すぎて、未だに手が出ない。

ヤブガラシを始め、ヘクソカズラ、ヒルガオなど、蔓性の雑草というのはいずれもしぶとくて取り除くのに手を焼く。

メヒシバ

Digitaria ciliaris

日本中、どこへ行っても空地や田畑で必ず見掛ける草の一つにメヒシバというのがある。非常に繁殖力旺盛で、これに覆いつくされている空地も多い。アスファルト道路の割れ目にもよく生える。株元より分蘖《ぶんげつ》して何本もの茎を出すが、茎は地面を這うようになり、茎の節から根を下ろし、一株でかなり大きく広がって茂る。夏から秋へかけて茎先が立ち上がり、その先にススキの穂を小型にしたような細長い花穂をあらく広げる。取っても取っても生えてくる始末に悪い雑草だが、その繊細な花穂が風に揺れる姿はなかなか優雅で独特な趣がある。葉は薄手で細長く、長い葉では先の方がやや垂れ下がり、葉の基部の葉鞘《ようしょう》には白い毛が生える。

メヒシバは雌日芝と書く。「日芝」は、向陽の地に生え、真夏の日照りにも強く、葉が芝に似ることに由来するようだが、「雌」の方は、別属の花穂がよく似ている豪壮なオヒシバに対して、姿が優しく女性的なところから付けられたものである。近頃のわが国では男女の区別がしにくい人が増えたようだが、メヒシバ、オヒシバにはこの心配はなかろう。

メヒシバと同属で、よく似て間違えられる種類にアキメヒシバというのがある。名のように花期がメヒシバより遅く、秋になって花穂を出すが、この花穂は紫味を帯びるので、これもある程度区別はつく。葉はメヒシバのように葉先は垂れ下がらず、茎や葉鞘部も、花穂同様に赤紫がか

和名：メヒシバ
科名：イネ科
属名：メヒシバ属
生態：1年草
学名：*Digitaria ciliaris*

り、株もメヒシバほど大株に広がらない。

オヒシバは、メヒシバ同様スキ状の花穂をつけるが、これはエレウシネ（*Eleusine*）という別属の植物で、やはり路傍や空地などに生える。特に人に踏み固められたようなところに多く生え、畑の中などには比較的少ない。葉は細長く平滑で緑が濃く、株元より分蘖して多数の茎を出すが、メヒシバのように茎が這って節々から根を下ろすことがなく、立ち上がって叢生する。株元から出る根はしっかりと土中に張り、引き抜こうと思ってもメヒシバのように簡単には抜けず、引き抜くにはかなりの力がいる。そのために、別にチカラグサやチカラシバの名がある。茎も繊維が強く、手で千切ろうとしてもなかなか千切れない。子供達は、この茎を二つ折りにして引っかけて引っ張りっこをして遊んだものだが、今ではこんな遊びはしなくなってしまったようだ。昔は野山の草でいろいろな遊びをすることが多く、これによって自然との付き合いを知らぬ間に覚えたものだ。

このオヒシバの変種に、シコクビエというのがある。元々は中国産のもので、その種子は穀物として食用や牛馬の飼料にもなるため、古く四国の山間地で栽培されていたためにこの名があるが、別にコウボウビエとも云う。母種とされるオヒシバより大柄で、小花穂もより大きい。コウボウビエの名はかの弘法大師が広めたのではなく、万民救済に力を尽くした弘法大師になぞらえて、この草の実が飢饉の時の救荒食糧として人々を救ってくれるところから付けられたと云われる。

オヒシバに似て、それより小柄なものにギョウギシバという多年草の種類もある（メヒシバ、オヒシバ共に春から芽を出す一年草）。日当たりのよい道端や荒れ地、堤防などによく生え、海岸地でもよく見掛けるが、海辺に生えるものは特に大きく育つものが多いようだ。芽は地表を這いながら伸びて、節々から根を下ろし、また、節々から茎を立ててその先に花穂をつけるため群落を作ることが多い。メヒシバ、オヒシバなどとも別属で、ギョウギシバの語源はよく解らないらしいが、節々から立つ茎が行儀よく並ぶ様から付けられたのではないかとも思うが、どうであろうか。

野生植物、中でもやたらと生えてくる雑草類の種子は生命力が極めて強いように思う。なめるように草取りされ雑草一本生えていない畑でも、一年放置すると、どこに種子があったのかと驚くほどに雑草が生えてくる。風などに運ばれてきて生えることもあるだろうが、そうとばかりは云い切れない。すぐに発芽せずに、しつこく土中に潜んで生き残っている種子があるためらしい。そうでなければ畑に生える雑草などは生き残れなくなってしまう。メヒシバの種子もきっとそうに違いない。取っても取っても生えてくるのが、その証しだ。また、未熟な種子でも、条件が整えば芽を出すことがある。草積み堆肥を作るには、花穂が出ないうちに取ったものでないと、雑草のタネ播きをすることになる、とよく云われるのもこのためだ。

夏の草取りはメヒシバとの戦いになるが、大きく茂った株の株元を見つけて、節々から出た根と一緒にバリバリと引き抜けた時には、ちょっとした快感を覚える。小さいうちに引き抜くのはたやすいが、これはこれで根気がいる仕事だ。

エノコログサ

Setaria viridis

梅雨が明け、真夏の太陽が照り始めると、至る所に夏草が茂り出す。日照りが続くのにも負けずに夏草は見る見るうちに大きく茂り、こちらの方は汗を掻《か》き掻き、蚊に刺されながら草取りに奮闘することになる。

この夏草の中で、最もよく茂るのがメヒシバだが、それと共に多いのがエノコログサだろう。葉はメヒシバより幅狭く、より細長い。分蘖《ぶんげつ》して立ち上がる茎は五〇～七〇センチメートルぐらいにまで伸び、メヒシバより硬い。全体的にメヒシバはソフトな感じだが、こちらの方はややハードな感じだ。夏も盛りとなると、立ち上がる茎上に長く太めの花穂を出し、伸びるにつれて先が垂れてくる。この花穂には細い針状の毛が密生していて、何か動物の尻尾を思わせる。エノコログサの名も、これを仔犬の尻尾に見立てて付けられたようだ。漢名でも「狗尾草」と云い、狗は犬のことである。

わが家には捨てられた仔猫を育てたのが何匹もいる。一日一回は戸外へ出して遊ばせるが、これを収容して家の中へ戻す時が大変。何しろ遊び盛りの仔猫のこと、あっちへ隠れ、こっちへ飛びはね、なかなか捕まえられない。そこで登場するのが、このエノコログサの花穂だ。これを採ってきて仔猫の目の前で振る。警戒してなかなか近づかなかった仔猫も、気が変ったように花

和名：エノコログサ
科名：イネ科
属名：エノコログサ属
生態：1年草
別名：ネコジャラシ
学名：*Setaria viridis*

穂に飛びついてくる。そこを難なく捕まえる、という寸法だ。エノコログサの花穂ならずとも、動く物に興味を示すのは肉食獣の本能的な性質だろう。そこら中に生えるメヒシバの花穂にも反応はするが、どの仔猫も一番反応するのはエノコログサの花穂だ。ペットショップで売っている仔猫の遊具でも、このエノコログサの花穂を模したものが多い。そのため、別名をネコジャラシと云う。この名の方が一般的で、エノコログサと云って解らない人でも、ネコジャラシと云えば解ってもらえる。

本名は犬に関わる名前だが、別名が猫の名が付いているのが面白い。このネコジャラシの名は、東京での方言だと云うが、東京以外の地方ではどうなのだろうか。

学名の属名セタリア（*Setaria*）とは刺毛という意味で、この仲間の小花の一つ一つの付け根に何本もの針状の長い毛があるためで、これが円筒状花穂の外側に密生した毛のようにみえる。この毛は、イネやムギなどのイネ科植物に多く見られる芒《のぎ》とは違うものである。

エノコログサには幾つかの変種がある。海岸地帯に生えるものがハマエノコログサと云い、小型で高さは一五〜二〇センチメートル、花穂も短く先は垂れ下がらない。エノコログサの花穂は淡緑色だが、時に紫褐色のものがある。これも変種の一つで、花穂の色からムラサキエノコログサと云う。この三種は同種であるが、この一属にはいろいろな別種がある。今ではあまり食べられなくなってしまったが、昔、重要な穀類の一つであったアワもこの仲間で、花穂が太く大きいアワと、それより花穂が細いコアワとに分けられる。アワは一般に粟と書くが、これは正しくはコアワのことで、普通のアワは粱とするのが正しいそうだ。

小さな粒を粟粒大と表現するが、以前、女子短大で講義をしていた時、「粟粒大」と云ったら、その意味がよく分からないらしく「粟って何ですか」と聞かれてがっくりしたことがある。考えてみれば、近頃の若い人達は粟などは口にしたことがないだろうし、知らなくても無理はないかもしれない。しかし、今でも粟餅は売られているし、甘味店に行くと、知ってか知らずか粟善哉を食べている女の子を見掛ける。でも、やはり斜陽の穀物になってしまっているのは事実のようだ。最も利用されているのは小鳥の粒飼としてかもしれない。

「小鳥の粒飼に使われているヨ」

と云うと、

「ああ、あれか。それなら知っている……」

このほか、エノコログサに似て別種のものに、花穂が金色がかった黄色いキンエノコログサというのがあり、夕陽に照らされて金色に輝く姿は美しく、観賞用にしてみたいほどだ。普通のエノコログサもドライフラワーにして用いると、その美しい姿がハードな感じのするほかのドライフラワーの硬さを和らげてくれる。

メヒシバの花穂もなかなか風情があるが、エノコログサの花穂が風に揺らめく姿は大変のどかだ。夕暮れに、その花穂が垂れ下がるように浮かぶシルエットは心に染みる美しさである。

メヒシバと同じく、夏草の雑草として畑や花壇に生えると、植えてあるものを傷めてしまうので、花穂に見とれながらも抜き取ることになる。メヒシバほど茎の節からはあまり根が出ないが、かなりしっかりと土の中へ根は張っている。オヒシバほどではないが、引き抜くにも少々力がいる。

引き抜いた株の花穂は、仔猫のお土産にでも持って帰ることにしよう。

スベリヒユ

Portulaca oleracea

メヒシバなどの夏草をきれいに取ったあとに、待ってましたとばかりにやたらと生えてくるのがこのスベリヒユ。先の丸い楕円形の艶のある多肉質の葉をつけ、茎は太めでこれも多肉質。株元より枝分かれして、地面にベタッと広がって茂る。夏中、枝先によく見ないと解らないくらい小さな五弁の黄色花を咲かせる、昼咲きの一日花である。葉に艶があり、スベスベしているのでスベリヒユと名付けられたとも、茹でて食べるとぬめりのあるところから名付けられたとも云う。ただし、ヒユとは無関係の植物である。

戦争中の食糧難の時、食べられる野草を片っ端から食べたが、その中で、けっこういけたのがこのスベリヒユだ。茹でてひたし物にするとぬめりがあって、ちょっと酸味のある独特の味わいがある。面白いことに、豚がこれを好んで食べることだ。豚にとっても珍味であったのかもしれない。もっとも、今のような飽食の時代にスベリヒユを食べる人もいないだろうし、おそらく豚も豊富な人工飼料にならされているから、与えても食べないかもしれない。

昔から、夏花壇を彩るポピュラーな草花にマツバボタンがあるが、これがスベリヒユと同属の植物だと云ってもなかなか信じてもらえない。しかし、同属の植物で花壇用草花として人気のあるものがもう一種類ある。ハナスベリヒユがそれだ。

和名：スベリヒユ　　生態：1年草
科名：スベリヒユ科　　学名：*Portulaca oleracea*
属名：スベリヒユ属

マツバボタンの方は、葉が短い針状で松葉を思わせ、花がボタンの花を小さくしたようなので松葉牡丹と名付けられた。南米原産の一年草で、赤、ピンク、白、黄、オレンジ、赤紫と花色豊富で、八重咲きのものなどはまさにボタンの花型そっくりである。江戸時代に渡来し、馴染み深い草花となったもので、日照りと乾きに非常に強く、ヒデリソウの別名があるほどだ。

ハナスベリヒユは、今から二十年ほど前から登場した種類である。マツバボタン同様、南米原産で、その名のようにスベリヒユそっくりの茎葉でマツバボタンと同じ花を咲かせて、花色も多い。マツバボタンは夏場が花盛りで秋の彼岸頃に終る一年草だが、ハナスベリヒユの方は十月頃まで長期間咲き続けるため、近頃はマツバボタンの人気をすっかり奪ってしまっている。多年草だが、沖縄あたりまで行かぬと戸外での冬越しは難しい。また、ほとんど種子がならないので、プロの人達は親株を温室内で冬越しさせ挿し木で殖やし、その苗を春から売り出す。

このハナスベリヒユ、その名で売り出したが、売れ行きが芳しくなかった。どうも、スベリヒユの名に雑草的イメージがあったためらしい。そのうち誰が考えたか、ニュー・ポーチュラカという名で売り始めたら、とたんに売れるようになった花である。ポーチュラカとはこの一属の属名で、以前はその代表的草花ということでマツバボタンがこの名で売られていた。そこで、このハナスベリヒユを新しいマツバボタンということでニュー・ポーチュラカと名付けたわけだ。まさにネーミングの勝利というところだ。ところが、何でも略したがるわが国ではニュー・ポーチュラカの「ニュー」がいつの間にか略されてしまい、昨今はただポーチュラカとして売られている。たぶん、マツバボタンが「俺の名前を奪われた」と怒っているに違いない。

野生しているスベリヒユには、より大型で茎が立ち上がるようにして茂るタチスベリヒユという変種があるが、これは実際にはスベリヒユとの区別がしにくく、この二種をまとめてスベリヒユと呼んでも差し支えないだろう。

この一属の果実は面白い構造をしている。花後、小さな丸い果実をつけるが、種子が熟すと上半分が蓋を開けたように取れて、中の種子がこぼれ落ちる。種子が蓋物入りというわけだ。種子は黒く、芥子粒よりまだ小さい。

夏に咲く花には一日花がよくある。アサガオ、マツヨイグサ、フヨウ類などのほか、このスベリヒユ一属も同様で、朝開いて午後にはしぼんでしまう。しぼむ時間はだいたい昼過ぎだが、時には夕方まで咲いていることもある。虫媒花は花粉がついて授精されれば開いていなくてもかまわない。アサガオもスベリヒユ類も、花粉がついて授精が終ると間もなくしぼんでしまう習性がある。夕方まで咲いているのは、うまく授精が行われなかったと見てよいだろう。種子が稔りにくいハナスベリヒユが、マツバボタンよりも長時間開いていることが多いのも、これが一つの理由と考えられる。

花壇の縁取りに植えたハナスベリヒユの苗、日に日に大きくなってきたが、この場所にスベリヒユが生えてきた。これを抜き取らないと肝心のハナスベリヒユが負けてしまう。さて、抜こうと思うが、花が咲いていない両種ではどれがハナスベリヒユか、ただのスベリヒユか、見るほどに区別がつかなくなってしまう。私ですら、ハナスベリヒユを抜いてスベリヒユを残してしまうことがある。嗚呼……。

ツルボ

Scilla scilloides

七月は新盆《しんぼん》、八月は旧盆となるが、新暦になってから一世紀以上も経つのに、お盆となると未だに旧盆に墓参りをする人が多い。私が世話になっている寺の墓地も、八月に入ると旧盆を控えて墓掃除に訪れる人が多くなる。所狭しと生えていた雑草もきれいに取り除かれてさっぱりとした墓の周辺に、この時を待っていたかのように花茎を伸ばして咲く花がある。ユリ科球根草花のツルボである。一五〜二〇センチメートルに伸びる花茎の先に、うすい小豆色の小さな花を、長い円錐状の花穂にぎっしりとつける。普通の植物は茎葉が出て、その後に花を咲かせるが、このツルボは花時には葉が出ておらず、花が咲き終ってから細長い葉を出してくる。

ヒガンバナ類やイヌサフランなど夏植え球根と呼ばれるものには、夏から秋へかけて、まず花だけ先に咲いて、花後葉を伸ばすものが多く、中にはナツズイセンのように夏に咲いて、春になって葉を出す種類もある。ツルボも、園芸的に云うならば、この夏植え球根の部類に入るが、園芸種としては全く扱われていない。しかし、その花はソフトな感じで、これが群生して咲くとけっこう美しい。園芸的に扱われていないのがちょっと不思議な気がする。

ツルボの正式名をスルボとする説もあるが、ツルボの名の方が一般的である。スルボ、ツルボ共にその語源は不明とされているが、別名のサンダイガサは、その花穂の姿が、昔の貴人が参内

和名：ツルボ
科名：ユリ科
属名：ツルボ属

生態：多年草
別名：スルボ、サンダイガサ
学名：*Scilla scilloides*

する時に供人が後ろより差しかける傘をすぼめた時の形に似ているからと云われる。なかなか味わいのある名前だ。

中国にも野生するとみえて、あちらでは「綿棗児《めんそうじ》」と名付けられていて、学名もスキルラ・キネンシス（*Scilla chinensis* 中国産の意）とする場合もある。古くはスキルラ・ヤポニカ（*Scilla japonica*）の学名が当てられていたが、今ではスキルラ・スキロイデス（*Scilla scilloides*）として扱われていることが多い。

スキルラ属には園芸的に扱われている種類が幾つもあるが、栽培されているのは、ほとんどスイセンなどと同様の秋植え球根類に属するもので、早春から春へかけて咲く。園芸上では、スキルラを英語読みしてシラーと呼んでいることが多い。

まだ寒さの厳しい二月の頃、七〜八センチメートルに伸びる芽を出して、藍青色の可愛い花を数輪、短い穂につけて咲かせるのがスキルラ・シビリカ（*Scilla sibirica*）で、名のようにシベリアからヨーロッパへかけての山の向陽地が生れ故郷。これとよく似た種類にスキルラ・ビフォリア（*Scilla bifolia*）がある。シビリカは葉が三〜四枚出るが、こちらは二枚しか出ない。この二種は早春に咲く、ごく小型で可愛いらしい球根草花だが、これが同属かと思うほどに大型の種類もある。高さ三〇〜四〇センチメートルに伸びる太い花茎を立て、六弁藍青色の小花を傘形の大きな花房にぎっしりと咲かせるスキルラ・ペルウィアナ（*Scilla perviana*）がそれである。「ペルー産の」という種名が付いているが、ペルーどころか実際にはポルトガルから北アフリカ産のもので、種名が地名になっているものには、そのまま鵜呑みにするととんでもないことになりやすい。どうして直さないのだろう。

スキルラ類で園芸的に最もポピュラーなのが、スペインなど南欧産のスキルラ・ヒスパニカ

(*Scilla hispanica*) で、種苗店などではスキルラ・カンパヌラタ (*Scilla campanulata*) の名で売られていることが多いが、ヒスパニカと同種のものである。皮のない真っ白な球根で、五月頃、二〇〜三〇センチメートルの花茎を伸ばし、青、ピンク、白などの可憐な釣鐘形の花を十余輪、半ば垂れ下がるように穂状につける。ヒアシンスの花穂を引き伸ばした感じで、子供の頃、ヒアシンスの原種ではないかと思ったことがあるが、同じユリ科の球根植物でも縁は遠い。

スキルラ属の植物はユーラシア大陸に約百種があると云われ、スキルラとは「害のある」という意味で、同属の植物には強心性グリコシドのスキラインやスキリンなどの有毒成分を含むものがあるためらしい。ところが、わが国では江戸時代の天明大飢饉の時に、四国や九州のある地域では、食べる物に困ってこのツルボの球根まで掘って食べ、飢えを凌《しの》いだという。ということは、ツルボには毒成分がないのだろうか。もっとも、同じように飢饉の際に、有毒なヒガンバナの球根から澱粉を工夫して取り出し、これで飢えを凌いだそうだから、ツルボの場合にも、このような工夫がなされたのかもしれない。

ツルボは花後にたくさんの種子をつけ、これが飛び散ってどんどん殖えるので、野生するところでは群落を作り、花穂が林立して、うす紫の敷物を敷きつめたようになる。

ツルボの花が咲き終ると、そろそろ涼風が立つようになり、秋の彼岸の頃には葉が出はじめ、周りでは真っ赤なヒガンバナが咲き出す。

ノカンゾウ
Hemerocallis fulva

野の花の中で大輪の美しい花を咲かせるものはそれほど多くないが、ユリの花に似たオレンジ色の美花を咲かせるカンゾウ類は、園芸用の草花にも引けをとらない美しさを持つ。この仲間は、わが国に野生種が多く、カンゾウの国とでも云いたいが、その代表種がこのノカンゾウだ。田圃の畔や小川の辺、農道の縁など、夏の訪れと共に群生して咲くことが多い。六〇〜八〇センチメートルに伸びる花茎を立て、その先に二股、三股と枝分かれして蕾をつけ、下の方から次々と花を開くが、この花は一日花で、夕方にはしぼむため、英名ではデイ・リリー（Day Lily）と云う。属名のヘメロカルリス（*Hemerocallis*）も「一日の美しさ」という意味である。

花の色は、普通はオレンジ色だが、個体によってかなり濃淡があり、時に黄色や赤の花を咲かせ、コウスゲと呼ばれる色変り品種もあって、思いのほかバラエティに富む。

ノカンゾウは漢字で書くと野萱草であるが、萱草とは、この仲間の八重咲き種のワスレグサ、通称ヤブカンゾウのこととされている。昔、中国では、この花を見ると憂さを忘れると云われ、忘れるという意味の「萱」の字をとって萱草と呼んだという。ワスレグサの名もそこから来ている。

さて、このヤブカンゾウ、元々は中国原産で、いつの時代にか、何の目的あってか、わが国へ

65

和名：ノカンゾウ
科名：ユリ科
属名：ワスレグサ属
生態：多年草
学名：*Hemerocallis fulva*

渡来し、各地に居着いてしまった古い帰化植物の一つらしい。ところが、一つ不思議なことがある。この植物、八重咲きであると共に、全く種子をつけない不生女《うまずめ》植物なのである。渡来後、どのようにして全国に広まったのだろうか。同じように中国から渡来し、種子がならないヒガンバナは、その澱粉を利用するために人手によって広がったことが解っているが、このワスレグサには、どう考えてもそのような有用性がない。

東京の多磨墓地の隣りにある浅間山《せんげんやま》というところに、ムサシノカンゾウと呼ばれる、ここにしかないと云われた特殊な種類がある。中学生の頃、奥多摩に採集旅行に行った折り、川井辺りの多摩川沿いに五月頃咲く特殊なカンゾウがあると生物の先生に教えられたことがある。後年、私の親友でカンゾウ類の蒐集をしていたTさんにこの話をしたところ、早速出掛けて調べてみたが、どうしても種類が解らず、謎のカンゾウということになってしまった。Tさん、かなりあちこちを訪ねて調べ廻ったようだが、最後に上野の科学博物館の植物研究室へ行き、これが浅間山に野生するムサシノカンゾウと同種のものであることが解った。

奥多摩と浅間山、同じ東京都には属するが、かなりの距離がある。なぜ、ムサシノカンゾウがこの二カ所に点在しているのか、いろいろと考えてみたが、一つ思い当たる節がある。大昔、多摩川は北に位置する浅間山の裾を流れていたそうだ。これが正しいとすれば、奥多摩に野生していたものの株が大水で流されて、下流の浅間山の麓に漂着して居着いたという推理が成り立つ。これと同じようなことがヤブカンゾウに起こることもあり得ようが、全国に分布するとなると、この推理には無理が生じてしまう。はてさて、ヤブカンゾウの広がり方は、今後の研究を待つより仕方がないようだ。

さらに、奥多摩の多摩川辺りでしか見られないムサシノカンゾウが浅間山まで運ばれて居着いたとすれば、それでは、この多摩川辺りのムサシノカンゾウ、どうして誕生したのだろう。形態的に、高原に咲くニッコウキスゲに近く、奥多摩の山々に野生していたものが、多摩川を下って分化したものかもしれない。

ニッコウキスゲというと、夏の高原を飾る代表的な花で、オレンジ色の美花を群生して咲かせる光景には誰もが感嘆の声を放つ。本名はゼンテイカと云い、北海道のものはエゾゼンテイカと云う。

これらのほかにも、夕方から香りのよいレモンイエローの花を咲かせる夜開性のユウスゲ、海岸地帯を居とする大型のハマカンゾウ、最も早く晩春に咲く小型のヒメカンゾウなどなど、晩春から夏へかけて、次々といろいろな種類がわが国の山や野辺、海辺を飾る。

江戸時代には、多くの植物が品種改良され園芸化されたが、花が美しいにもかかわらず、カンゾウ類は手がつけられていない。あまりにもあちこちに咲くので、珍しがられなかったためかもしれない。ところが、これに目をつけたのが欧米の人達で、向うではかなり前から注目されて、幾つもの園芸品種ができていたが、近年、アメリカでは人気ベストテンに入る花として盛んに品種改良が行われている。アマリリスのような巨大輪種や、弁周に洒落たフリルのあるもの、花色もオレンジや黄色のほか、真っ赤なもの黒紅色のもの、優美なサーモンピンクや白に近いもの、近頃ではくすんだ色で美しいとは云えないが、紫色系の品種までできているし、ミニ・カンゾウとも云える小輪種や豪華な八重咲き種もある。

最近、これらの改良種が続々と輸入され、市販されるようになった。その元はと云うと、中国産種もあるが、日本産種が多い。まさに錦を飾って故郷へ帰ってきたと云ってよかろう。

ネジバナ
Spiranthes sinensis

この頃、郊外へ出ると道路を拡張したり、新しく広い道ができているところが多く、中央にグリーン・ベルトを設けてある場所もかなりある。そこには木が植えられていたり、時には花壇が作られていることが多いが、芝生になっていることもよくある。この芝生の中にピンク色のごく小さい花を、細い槍状の花穂に細々《こまごま》とつけている花が一面に咲いているのを見かけることがある。モジズリとも呼ばれるネジバナの花だ。わが国に野生するラン科の植物だが、ランというと高貴な花というイメージが強く、かの『レッド・データ・ブック』に挙げられるものも多いため、ネジバナのように雑草的に生えてくるランはほかにはないだろう。といっても、やはりランである。その可憐な姿は愛すべき野の花の一つといえよう。群生しているものなど、芝生一面が淡くピンクに染まることもある。

やや短めの、細長い根生葉の中から二〇センチメートル前後に伸びる花茎を立て、ピンクのごく小さい花を長い花穂に、ぎっしりと巻きつくようにつける。このように花を螺旋状につけるものは、ほかにはあまりないのではなかろうか。そのために、ネジバナもモジズリの名も、その花が螺旋状に捩《ねじ》れてつくところから名付けられたものだ。属名のスピランテス（*Spiranthes*）も螺旋状の花という意味である。蔓草《つるくさ》類の巻きつき方は一定方向に決まっているが、このネジバナの捩

和名：ネジバナ
科名：ラン科
属名：ネジバナ属
生態：多年草
別名：モジズリ
学名：*Spiranthes sinensis*

れ方は右巻きもあれば左巻きもあって一定していないという。

花の色には、個体によってかなりの濃淡差があり、時に白花のものもあるし、稀に緑色花もあって、これはめったにお目にかかれない。

屋久島という島は不思議なところで、植物には小型のものが多く、ヤクシマシャクナゲ、ヤクシマススキ、ヤクシマリンドウなど、「ヤクシマ」の名を冠したものはスギ以外はみな、そのグループ内では小型種である。ネジバナにも、同島産のヤクシマネジバナという小型種がある。丈も、花も、葉も、全体が小型でミニ・ネジバナというところ。珍しいことと、大変可愛いので、山野草界では珍重され、好事家の手によって培養されている。

わが国では、昔からシュンラン、エビネ、セッコク、フウランなど、園芸的に培養観賞される国産種のランが幾つもあり、最近では品種改良も進み、ウチョウランやアワチドリなどブームになっているものもある。ネジバナも、その花は実に可憐で観賞に値するが、山野草的に栽培されることはあっても、あまりにもどこでも野生があるためか、今まで、それほど顧みられてはいなかったようだ。

ところが最近、これの斑《ふ》入り葉種が見つかって、これを「小町蘭」と称して、主に岡山県などの好事家の間でもてはやされているという。もっとも、これは斑入りのはっきりしている芽出し時が観賞の時期らしく、花には重きを置いていないらしい。セッコクやフウランも斑入り葉品種が珍重され、それぞれ「長生蘭」、「富貴蘭」と称してもてはやされるが、これとよく似ている。日本人は古来、斑入り大好き民族のようで、万年青《おもと》、観音竹、万両などの古典園芸植物も、斑入り葉種ほど高価に扱われる。

モジズリの名のつくランがもう一種類ある。山地に生えるミヤマモジズリがそれで、その花容がモジズリ（ネジバナ）に似て山地に産するのでこの名があるが、モジズリの仲間ではなく、別種のランである。ネジバナの方は根は白い多肉質だが、ミヤマモジズリは地下に球状の塊根があるし、葉は広楕円形の根生葉を二枚つける。地に生えて育つ地生ランの中には、このような球状の塊根を持つものがよくあり、この塊根の形が睾丸を連想させるところから、オルキス（*Orchis*＝睾丸《こうがん》）、そして英語名オーキッド（Orchid）となったようだ。この高貴な花の総称オーキッドの語源が睾丸とは、少々興醒めな話だ。

　ネジバナは草原などにも生えるが、最もよく見かけるのは芝生の中である。よほど芝生がお好きなようで、初めはシバと共生関係にあって、半寄生的に芝生に生えるのではないかと考えていたが、必ずしもそうではないらしい。ラン類の種子は無胚乳種子といって、ほかの植物のように発芽の時に必要なエネルギー源となる胚乳なる栄養源を持っていない。種子を普通に播《ま》いたのでは、ほとんど芽が出ない。自然では種子で殖えているわけだが、それには面白い仕組みがある。ランの根に寄生するラン菌という菌がいて、ランから栄養をもらうお返しに、ランの種子がこぼれ落ちると、この種子に取りついて発芽に必要な栄養を補給するのだそうだ。昔、ランの種子はランの株元に播くとよい、と云われたのもそのためである。最近は発芽に必要な栄養素を仕込んだ培養基に播く方法が行われ、これによってランの品種改良が飛躍的に進んだ。

　ネジバナが芝生に多く生えるのも、ネジバナの種子の発芽が、芝生に好条件を与えているからだという気もするが、これは単に私の憶測に過ぎない。

ツユクサ

Commelina communis

茂り始めると茎を長く伸ばし、地を這って枝分かれする茎の節々から根を出し、ほかの植物を覆い隠すほど生い茂って閉口する雑草の一つだが、その花を見ると、ハッとするほど美しいのがこのツユクサだ。

澄んだ真っ青な花は、青い花の中でも一際美しい色合いだ。そして、その花の構造がまた面白い。外側の下につく花びらの三枚は無色で小さく目立たないが、内側につく花びら三枚のうちの二枚は、丸く大きく、耳を立てたように開き、青く色づく。残る一枚は小さく、大きく開く二枚の陰に隠れて見えない。ということは、ちょっと見ると花びら二枚に見えるが、実は計六枚あることになる。さらに変っているのは雄蕊《おしべ》だ。雄蕊は六本あるが、そのうちの二本は前に長く突き出して、花粉を持つ葯《やく》をつける。残りの四本は短く奥へ引っ込み、葯が扇状に変形していて黄色く色づく。そして花粉を出さず、男性としての機能を果たしていない。

ところが、この性的不能の葯の黄色い色が、花びらの青い色をより引き立てていてよきアクセントとなっている。青い色は、昆虫の反応度が低いらしいが、中心部の性的には役立たずの雄蕊の黄色い色が、この奥に蜜ありという目印になって、虫を惹き寄せる役を果たしているのだろう。黄色や白い色は昆虫がよく反応すると云われ、反応の鈍い赤色系や青色系花には、花芯部が白

和名：ツユクサ
科名：ツユクサ科
属名：ツユクサ属
生態：1年草
別名：ボウシバナ、アオバナ、ツキクサ
学名：*Commelina communis*

かったり黄色かったり、あるいは真っ黄色な花粉を出すものが多いが、これも虫を惹き寄せる巧妙な手段で、このツユクサの不稔の葯も同じ働きをしているわけだ。いわばレストランの看板のようなものだ。径二センチメートルほどの小さな花だが、よく観察すると、その造形の妙に感心させられてしまう。

ツユクサは露草と書くが、草が露を帯びたような感じから付けられたといわれる。時に「梅雨草」と思われるが、これは誤りで露草が正しい。確かにこの花は梅雨時ではなく、梅雨が明け、真夏から秋へかけて咲き出す。別にボウシバナという名があるが、苞《ほう》が縦に二つ折れになり、蛤《はまぐり》が口を開いたような形になって、その間から花を開く様子が、帽子を被ったように見えるところから付けられた名である。アオバナという別名もあるが、これはもちろん花の色そのものの名だ。古名のツキクサは着草の意で、この花で布を青く刷り染めたことによるそうだ。アヤメの仲間のカキツバタが、その花汁で布を刷り染めるところから、書附花《かきつけばな》が転じてカキツバタになったというのによく似ている。

普通のツユクサも一輪一輪を見ると美しい花だが、この変種で、大柄で花も大きいオオボウシバナというのがあり、観賞用として栽培されることがある。元々は滋賀県（近江の国）辺りで古くから染色用として栽培されていたもので、その青い花汁が友禅染の下絵を描くのに使われていたとも、青紙を染めるのに用いられていたとも云う。

ツユクサの美しさは、その青い花の色にあるが、時に白花のものや、うす紅色がかるもの、青と白の混じるものなど色変り品種が見つかる。草型をコンパクトにして、花付きをよくしたら、立派な花壇やプランター用草花になると思うが、このような改良は未だに行われていないようだ。あまりに雑草的なイメージが強いので、手がつけられていないのだろう。

植物の病気にもウイルスによるものがあり、多く見られるのはモザイク病と呼ばれる病気だ。ウイルスによる病気であるため、農薬などによる治療は全く無効で、一度罹《かか》ったら治らない不治の病というわけだ。これに罹ると、茎や葉の色に濃淡の細かい絣《かすり》状の絞り模様が現れ、これがモザイクのように見えるところから、この名が付けられている。花にも絞り模様が出ることがあり、赤いチューリップを植えたら、次の年に赤と白の絞り模様の花が咲いて、これは珍しいと不思議がられることがある。隣りに白いチューリップを植えたので交雑してしまったと思う人もいるようだが、そのようなことはなく、これはチューリップのモザイク病の症状で、チューリップは特にこのモザイク病に罹りやすい。モザイク病に罹ると生長が悪くなり、萎縮してくることが多い。しかし、急に枯れるということはなく、多年生の植物ではジリ貧で年々弱ってくる。多くは汁液伝染で、アブラムシやウンカなど吸汁害虫によってうつることが多い。いわば、植物のエイズのような病気である。

この病気は栽培植物によく発生し、発生したら抜き取って焼き捨てるより方法はないが、野生植物で罹っているのを見ることは非常に少ない。不治の病は、種の存続に大変不利であるからだろう。ところが、このツユクサにはモザイク病に罹っているものをよく見かける。成長期には発病しているのを見ないが、生長の盛りを過ぎた頃に、芽先が縮れてモザイク斑を現す。種の存続には不利のはずだが、このウイルスは全草に広がっても種子には移行しないそうだから、毎年種子を落として殖える一年草のツユクサにとっては、モザイク病に罹っても存続に支障がないのだろう。

ドクダミ

Houttuynia cordata

身近にある野草の中で、茎葉に悪臭を持ったものと云えば、先のヘクソカズラなどがその筆頭であろうが、それにも劣らないのがドクダミだろう。ヘクソカズラは名のように屁糞というにおいだが、ドクダミの方は生臭さと青臭さが入り混じったような独特のにおいで、このにおいを好きだという人はまずいない。

どちらかというと、湿っぽい日陰や半日陰に生えやすい草だが、地下に白い地下茎を縦横に張りめぐらし、そこからたくさんの芽を出してたちまち群生してしまう。地下茎で殖える雑草は、ヒルガオにしろヤブガラシにしろ、退治するのに極めて厄介だ。少しでも地下茎が残れば、すぐにまた芽を出してくる。完全に地下茎を掘り出さなければなくならないが、これは実際には不可能に近い。ドクダミもその例に漏れず、取っても取ってもすぐに出てきて根負けしてしまう。

生え出すと始末に悪い憎き雑草だが、初夏に咲くその花は意外に清楚で美しい。径三センチメートルぐらいの真っ白な四弁の花を咲かせ、濃緑色ハート形の葉との映りもよい。ただし、花びらと見えるのは本当の花びらではなく、葉の変形した総苞片《そうほうへん》と呼ばれるものだ。本当の花は、中心に棒を立てたように突き出している花穂に密集してついている、ごく小さな淡黄色の部分だ。

わが国では、花は美しくともやたらにはびこって嫌われ者の雑草だが、西洋では、東洋のエキ

和名：ドクダミ
科名：ドクダミ科
属名：ドクダミ属
生態：多年草
学名：*Houttuynia cordata*

ゾチックな花として庭に植えて観賞する。こんなものを植えたら、はびこって始末に悪くなるのではないかと余計な心配をしたくなる。

面白いことにこのドクダミ、昔の人はその美しさに目をつけてか、幾つかの園芸品種を作った。一つは八重咲き種で、総苞片が幾重にも重なって八重咲きとなる。このほか白の斑《ふ》入り葉で、白い部分が赤味を帯びる葉色の美しい「五色葉《ごしきば》ドクダミ」という品種がある。以前、英国を旅した時、ロンドンのとある園芸店の店先に、この五色葉ドクダミの鉢植が売られているのを見た。わが国では、私はそれまで見たことがなかったので、大変珍しく思った想い出がある。近頃はわが国でも園芸店で売られるようになったが、ひょっとすると向うへ渡ったものを再輸入して殖やしたのかもしれない。

ドクダミという名を聞くと、嫌なにおいを持つ草というイメージがあるためか、何か毒々しい響きを感じる。「毒痛み」から転じてドクダミとなったという説があるが、あまり定かではない。「毒痛み」と云われると、この植物が毒草で、これにあたって痛み苦しむのではないか？　と思うかもしれないが、毒草どころか、この草、大変役立つ薬草として昔から広く利用されていて、そちらの方では「十薬」と称している。これは馬に飲ませると十種の病気に効くからとの説があるが、正しくは漢名「蕺《しゅう》」から来ていて「十薬」ではなく、「蕺薬」が正しいようである。毒痛み説も、毒痛みではなく「毒止め」あるいは「毒矯《た》め」に由来するとも云われ、こちらの方が素直に肯ける。

このドクダミ、確かに種々の薬効があり、生葉には、臭気の元となるデカノイルアセトアルデヒドという長ったらしい名の、殺菌作用のある成分を含み、化膿《かのう》を防ぐためには、この生葉をもんで貼ると効果があるという。また、乾かした葉を煎じて飲むと、利尿、緩下《かんげ》（便通）などに効能があるほか、動脈硬化の予防にもなると云われ、特に副作用もないようなので、生薬ばやりの今日、再び脚光を浴びているようだ。

声楽家であった私の母は、私が子供の頃、蓄膿症で悩んでいた。手術をすれば治ると云われたらしいが、手術をすると声が変るおそれがある。どうしようかと真剣に悩んでいたが、マネージャーの人に、ドクダミを煎じて飲むと治ると云われ、早速飲み始めた。初めは薬局から乾燥した蕺薬を買ってきていたが、わが家の庭には、春からはやたらとドクダミが生える。花が咲く頃が採取時と聞き、花が咲き出すとドクダミ採りが始まる。私も手伝ったものだが、その臭さにはいささか閉口した。採ったドクダミは軒下に吊るして陰干しをして貯蔵し、毎日煎じて飲むわけである。三年続けないと治らないと云われたが、母の蓄膿症、一年後にはすっかり治ってしまい、その後再発もせず、手術による声変りも避けられて、まさにドクダミ様々であった。

私は別に蓄膿症ではなかったが、母にお相伴をしてよく飲んだものだ。あんな臭いものがよく飲めると思われるかもしれないが、干したものは煎じると全く臭みがなくなってしまう。美味しいというものではないが、けっこういける。最近はドクダミ茶としてティーバッグ詰めのものが売られているが、これだと手軽に飲める。

このようにドクダミ、一方では嫌がられるが、一方では薬草として重宝がられる。初夏の一時、咲きそろう白い花には清々しい静けさが漂う。この時ばかりは、あの嫌なにおいを忘れるほどだ。

ゲンノショウコ

Geranium nepalense

古くから民間薬として用いられる薬草の中で、最もよく知られているのがゲンノショウコだろう。下痢止め、といえばゲンノショウコと云われるように確かによく効く。その効果は抜群で、飲めばたちどころに下痢が止まるということで「現の証拠」という名が付けられた。

フウロソウ科の多年草で、全国の原野、空地、路傍などに野生し、茎は地を這うように長く伸びて茂る。葉は三〜五裂する掌状葉で、茎葉に微毛が生えソフトな感じがする。夏から秋へかけて、枝先の方に可愛い梅の花のような花を咲かせる。花の色は白、ピンク、赤桃色と、かなり幅があるが、東日本では白花（白地に紫のすじが入る）が多く、西日本ではピンクや赤桃色花が多いと云われる。赤桃色花のものはなかなか美しく、近頃、これを鉢植にしたものが観賞用として売られていることがある。

この仲間、フウロソウ属は学名をゲラニウム属（*Geranium*）と云い、北半球、南半球いずれにも多くの種類があり、わが国にもゲンノショウコによく似たミツバフウロやコフウロのほか、高原や北地には、アカヌマフウロやハクサンフウロ、チシマフウロ、グンナイフウロなど、花の美しい種類がかなりある。

プランター植えにして窓辺を飾る花として利用される草花にゼラニュームというのがある。こ

81 和名：ゲンノショウコ
科名：フウロソウ科
属名：フウロソウ属
生態：多年草
別名：イシャイラズ、リビョウソウ、
ウメヅル、アカヅル、ネコアシ
学名：*Geranium nepalense*

のゼラニュームという名はゲラニウムのことで、こうなると、ゼラニュームとゲンノショウコは兄弟分？　ということになる。昔は確かに同属の兄弟分であったが、分類学が発達すると共に、いわゆるゼラニュームは分家されて、ペラルゴニウム属（*Pelargonium*）という新属の一員になってフウロソウ属ではなくなった。ところが、ゼラニュームはゲラニウム属として扱われていた頃に園芸化され、ゲラニウム＝ゼラニュームの名で売り出されたために、学術的にはペラルゴニウム属に変っても、未だにゼラニュームの名を踏襲し続けてしまっているわけである。このような例は園芸植物には時々あって、一般にアマリリスで知られている球根草花は、古くはアマリリス属（*Amaryllis*）の一種とされていて、その頃に園芸化されたものだが、その後、ヒッペアストルム属（*Hippeastrum*）という新属に移籍されても、未だに旧属名のアマリリスの名で扱われている。

薬草類は、その成分が花時に最も増加するものが多く、ゲンノショウコもこの時期に採取して陰干しにして貯蔵し、これを煎じて飲むことになる。主成分はタンニンで、下痢止めとして使われるが、昔は赤痢の治療や予防にも用いられていたことがあるという。ただし、これは赤痢菌を殺すのではなく、赤痢による激しい下痢を軽減させる効果のためであろう。このほか、口内炎や扁桃腺炎の際に、この煎汁でうがいをするとよいとも云われるし、皮膚のかぶれや湿疹に冷した煎汁で湿布をすることもある。近頃、ハーブ類を利用した浴用剤がはやっているが、このゲンノショウコも浴用剤としてもよく、体が温まると云われる。

主に下痢止めとしてよく知られた薬草だが、このようにいろいろな効果があり、民間薬的薬草のナンバー・ワンと云われるのも肯ける。まさに「現の証拠」というわけだ。

薬用ではないが、草木染めの染色用としても用いられることがあり、鼠《ねずみ》色や黒色を出すのに使われるという。

　このゲンノショウコ、白花のものと赤花のものとがあるが、どちらの花色の方がよく効くか、という論議がある。面白いことに、白花が多い関東では、赤花の方が効くと云い、赤花の多い関西では白花がよく効くと云う。実際には花色の違いにかかわらず、その効果は変らないそうだから、どちらでもよいということである。なぜ、このように云われるのか。たぶん関東では赤花が珍しく、関西では白花が珍しいため、珍しいものの方がよく効くという心理的なことであるらしい。

　古くから、手軽に扱える薬草として、広く全国的にどこにでも野生するため、正式名ゲンノショウコのほか、イシャイラズ（これは近頃流行のアロエの別名でもあり、効用の広いものをこのように呼ぶのであろう）やリビョウソウという別名もあり、これは赤痢に効くということから付けられたものと思うし、ウメヅルという別名は、茎が地を這うように蔓《つる》状に長く伸び、梅形の花を咲かせるから、というところか。このほかにも、アカヅルやネコアシなど、何と百以上におよぶ地方地方の方言名があると云われる。いかにこの草が、われわれ庶民の生活に密着していたかがうかがわれる。

　雑草的に、各地にはびこる野草だが、これだけの効用があると、いわゆる雑草としては扱えなくなる。しかも、その可愛い梅形の花を見ると、心惹かれる思いもする。

　フウロソウ類は内外種を問わず、山野草としていろいろな種類が、鉢植やロック・ガーデンなどに植えられて楽しまれるが、ゲンノショウコもその一員にしてやりたい。

カタバミ

Oxalis corniculata

取っても取っても生えてくる。これは雑草共通の特性かもしれない。夏草のメヒシバなど、その最たるものだが、カタバミもその一つだ。庭に、道端に、どこにでも生えてくる。鉢植の中にもよく生える。芽生えた小さいうちは簡単に引き抜けるが、しっかりと根を張ってしまうと、引き抜こうとすると根元で千切れてしまい、根元が残ると、そこからすぐに根を出してしまい元の木阿弥となる。円柱形の果実を上向きに立て、熟すと小さな種子を勢いよく飛ばす。草取りをしている時、この弾け飛ぶ種子が目に入って閉口することがある。どうにも好きになれない雑草だ。

葉はクローバーに似た三小葉で、夜になると主脈を中心に葉をたたんで眠るという面白い習性がある。花は径一センチメートルにも満たない五弁の小さな黄色花で、憎らしい雑草だが、その花は意外に可愛い。春から秋まで次々と花を咲かせ、よく結実して多数の種子をこれまた後から後へと弾き飛ばすので、取っても取っても生えてくるわけだ。

普通のカタバミは葉は緑色だが、葉が赤茶色のアカカタバミというのがあり、カタバミの一変種とされて、カタバミと一からげにされているが、幾つか違う点がある。まず、育つ環境が異なり、カタバミはどこにでも生えるが、アカカタバミの方は日当りのよい砂利道など、夏には焼けるように熱くなるようなところに好んで生える。葉色の違いのほか、花の色も黄色単色ではなく、

85

和名：カタバミ
科名：カタバミ科
属名：カタバミ属
生態：多年草
別名：スイモノグサ
学名：*Oxalis corniculata*

花底部が赤く、赤い輪が入っているように見えて、写真を撮ってみると意外にチャーミングな色合いである。

カタバミはわが国だけではなく世界中に分布している広域植物で、この仲間は非常に種類が多く、カタバミのような宿根性種と地下に球根を作る球根性種とに分けられる。わが国のものはほとんど宿根性種で、やはりカタバミの一変種で茎が立ち上がり、南部に多い、タチカタバミ、山地の樹下で見られる白花のミヤマカタバミや、その変種でやや大型のオオヤマカタバミなどがある。

球根性種には花の美しいものが多く、球根カタバミ類と称して観賞用として栽培されている種類がたくさんある。このグループは、ほとんどが南アフリカや中南米原産のもので、中にはムラサキカタバミのように帰化植物として野生化しているものもある。これなど、株を覆うようにピンクの可愛い花を咲かせて美しいため、よく植えられることもあるが、球根が猛烈に殖えるため始末に悪い雑草と化すことが多い。

沖縄では暖かいためであろう、ムラサキカタバミが畑地に入り込んで、そのピンクの花が美しい眺めとなるが、当地の農家の人達にとっては始末に悪い厄介者として嫌がられている。花が美しいので植えられてもいるが、さすがにその球根は市販されてはいない。

園芸種として市販されているものには、夏に植えて秋から冬に咲く夏植え型のフヨウカタバミやハナカタバミなどと、春に植えて夏に咲くデッペイやペンタフィルラなどの春植え型のものとがあり、かなり多くの種類が売られ、中には葉の美しい赤紫色葉や緑白色葉のものなどの観葉種もある。

これらの仲間には、カタバミ類とは思えない葉をつける種類が時々ある。多くはクローバー型の葉であるが、深い切れ込みのある細い葉のバーシカラー種（*Oxalis versicolor*）は、花の色も風変りで、同じ白花でも弁裏の縁が赤く、螺旋状にねじれる蕾《つぼみ》の色が紅白のねじりん棒のようで、咲いてしまった花より美しい。このほか、ヒルタ種（*Oxalis hirta*）のように二〇センチメートルぐらいの茎を立てる変った種類もある。

南アフリカのケープ地方は、球根カタバミ類の宝庫で、花の美しい種類が多い。中でも大群落を作るのが、ペス・カプラエ種（*Oxalis pes-caprae*）。大輪の明るいレモンイエローの花がカーペットを敷きつめたように咲く眺めは、遠目には菜の花畑のようだ。ところが、このペス・カプラエ種、生れ故郷も顔負けするほどの大群落を作ってしまっているところがある。一つは地中海地方で、特にクレタ島で見たその大群落は忘れられぬ想い出であるし、西オーストラリアの南部でも、大袈裟かもしれぬが地平線の彼方までと云いたいほどの大群落を見たことがある。幸か不幸か、わが国にはまだ入ってきていないようだが、これが野生化したらセイヨウタンポポどころではないだろう。

カタバミは酢漿草と書くが、別名スイモノグサとも呼ばれ、これは茎葉に蓚酸《しゅうさん》を含み、嚙むと酸っぱいことに由来する。スイモノグサは「酸い物草」で「吸い物草」ではない。属名のオキザリス（*Oxalis*）も酸味という意味であるから、この仲間、まさに「酸い物草」である。

カタバミは役立たずの厄介な雑草として嫌われるが、役に立つこともあるようだ。痔や脱肛の時に、この葉を煎じて患部を洗ったり、火傷の時に塗りつけても効くと云われるし、腫物の時の貼り薬としても使われてきた。いわば外用の民間薬として利用されていたわけである。

ヨウシュヤマゴボウ

Phytolacca americana

帰化植物の中には、ヒメジョオンやセイタカアワダチソウのように北米原産のものがかなりあり、大型に茂るものが多いが、このヨウシュヤマゴボウもその一つ。赤紫がかる、太いつるつるした茎を人の丈以上に伸ばし、しかも枝分かれして横にも広がって茂るため、これが茂ると、かなりの面積を占有してしまう。葉も大きく長楕円形で、草というよりも木が茂っているという感じだ。

明治時代初期に渡来したようで、その後全国に広がって野生化したものである。

夏から秋へかけて、うすいピンクのごく小さな花を、垂れ下がる花穂につけるが、花びらのない無弁花でややあらくつける。花後、多汁質の球果をならせ、熟すと紅紫色となって葡萄《ぶどう》の房を思わせる。つぶすと赤紫色の汁が出て、これが手につくとなかなか取れない。

子供の頃、この汁を搾ってインク代りにして遊んだものだが、その後が大変、手に服に、この汁がついてお目玉を頂戴すること必定。今になってみれば懐かしい想い出である。子供の遊びだけではなく、実際にインスタント・インクとして使われていたこともあるとか。そのために原産地ではインクベリー（Inkberry）の別名がある。

北米原産であるが、わが国にもこの仲間にヤマゴボウという種類が野生する。よく似ているが、

和名：ヨウシュヤマゴボウ
科名：ヤマゴボウ科
属名：ヤマゴボウ属
生態：多年草
別名：インクベリー
学名：*Phytolacca americana*

花穂は垂れずに直立するので区別がつく。また、果実は球形ではなく、八つの子房がくっついて一つの果実となるため、八条の縦溝があり、菊座南瓜《きくざかぼちゃ》のような形をしている。

この仲間は有毒植物であるが、ヤマゴボウは「商陸《しょうりく》」と称し、その根を利尿剤として薬用にされる。そのために栽培されることがあるが、素人の利用は危険であるため、やめた方がよい。

信州の名物に山牛蒡の味噌漬というのがあって、歯触りよくなかなかの珍味であるが、このヤマゴボウと称するのは、全く別種のキク科のモリアザミやゴボウアザミの根で、本当のヤマゴボウの根ではない。ヤマゴボウやヨウシュヤマゴボウの根を味噌漬にして食べて中毒を起こしたという例がしばしばあるので、注意しなければならない。

近頃はヤマゴボウはあまり見かけなくなり、野生しているものはほとんどがヨウシュヤマゴボウのようだ。地下には、それこそ牛蒡状の太い根が深く張る多年草で、育った株を引き抜くのは至難の業というところ。小さいうちなら抜けるが、大きくなったら始末に悪い。仕方がないので、地際で切ると根株が残ってまた生えてくる。

たくさんなる果実は鳥に食べられて、消化しない種子は糞という肥料付きで、あちこちに播《ま》き散らされる。これが庭や花壇に入り込むと、始末に悪い雑草と化してしまうが、大きく茂って垂れ下がる、うすいピンクの花穂はなかなか風情があるし、秋になると葉が紫がかり、その紅葉した姿も捨てたものではない。そのためか、庭に一株ぐらい残して観賞用とする人もいるようだ。

雑草と云われるものは、はびこるとまさに雑草として厄介者になるが、いずれもよく見ると、どこかに美しい姿を潜めているものだ。ヨウシュヤマゴボウも、その一つだろう。

ヨウシュヤマゴボウ
Phytolacca americana

ブタクサ

Ambrosia artemisiifolia

東京の駒場に住んでいた子供の頃、当時、帝都電鉄と称していた、今の井の頭線の西駒場の駅（今はない）からわが家までの道の周りは空地が多く、夏になると草々が生い茂っていた。その中で、もっとも多く生えていたのが、このブタクサである。もともと日本の植物ではなく、北アメリカからの帰化植物で、明治初期に渡来し、わが国各地に野生化したと云われる。

茎葉は微毛に覆われて、葉は羽状に深く切れ込み、数多くの枝を出して一株で大きく茂る。夏になると、枝先に細長い花穂を伸ばして、粒状の頭状花をぎっしりと付ける。花びらに相当する舌状花はなく、黄緑色の管状花のみがあるため、お世辞にも綺麗とは云えず、いかにも雑草然とした姿だ。

どのようにしてわが国へ渡ってきたのか。観賞用として持ち込まれたとは全く考えられないし、有用性のある植物でもない。たぶん、その種子が荷物にでもくっついて、はるばる太平洋を船旅してやってきたのだろう。

この草、雄花と雌花があり、花穂にずらりと付くのはすべて雄花で、雌花の方は雄花の花穂の下に苞葉《ほうよう》に隠れるようにひっそりと付く。夫婦別居、というわけだ。

さて、この雄花からは無数の花粉が出て風に飛ばされる。群生している中を走りまわると、煙

和名：ブタクサ
科名：キク科
属名：ブタクサ属
生態：1年草
学名：*Ambrosia artemisiifolia*

が立つように花粉が舞い上がる。これが面白くて、子供の頃は、この中を駆けずり廻ったものだ。ところが、この花粉、大変厄介なことを引き起す。今では、花粉喘息というと、専ら杉の花粉が云々されるが、最も早く花粉喘息の原因として騒がれたのは、このブタクサの花粉である。もうもうと舞い上がるその花粉を見れば、なるほどと肯ける。ところが私は一向に平気で、駆けずり廻るその後に、景色が霞むほどに煙立つ花粉を見て喜んでいたものだ。

近頃は杉の花粉があまりにも有名になってしまったためか、ブタクサの喘息の話はとんと聞かなくなってしまった。

以前は東京でも、空地という空地に群生していたものだが、最近では、どこへ行ってしまったかと思うほどに生えている姿を見かけない。たまに見つけると、あら、珍らしい、ということになる。そのために花粉が舞い散ることも少なくなり、ブタクサ喘息の話もあまり聞かれなくなったのではないか。どうして、このように少なくなってしまったのかよく解らない。帰化植物には時々、このように、爆発的に殖えたものが、急に少なくなってしまうことがある。

どこでも見かけたオオマツヨイグサが近頃は少なくなり、その代りにメマツヨイグサや、これの変種とされるアレチマツヨイグサが殖えてきたようだ。これは勢力争いの結末だろうが、ブタクサの場合には同類がなく、同族の勢力争いというわけではない。

ブタクサとは「豚草」の意で、ずいぶんひどい名前だが、これは英名ホッグウィード(Hogweed)を邦訳したもので、原生地の北アメリカでも、くだらない雑草ということからこの名が付けられたものと思う。

英名、和名ともに差別的な名前だが、属名のアムブロシア(*Ambrosia*)とは、ギリシヤ語で「神様の食べ物」という意味だそうだ。昔、山羊や兎を飼っていた頃、餌用に刈った草にブタクサが混っていると、ブタクサだけは食べ残す。別に有毒植物ではないので、食べ残すということは、よほど不味いのだろう。戦争中の食糧難の時代、その辺の雑草に至るまで、食べられるものは何でも食べたものだが、ブタクサを食べたという話は聞いたことがない。春の幼苗の時には、ヨモギに似て、しかも軟らかい感じで食べられそうだが、食べなかったということは、よほど不味いに違いない。その草が、神様の食物とは……。

以前はわが家の周辺にも結構生えていたが、どうも年毎にその数が減っているようだ。昔は、そのはびこり方が物凄いので、好きになれない雑草の一つだったが、こう減ってくると、おおくぞ残ったナと、愛おしくもなってくる。加えて、花粉の煙で楽しませてくれたことなどを懐しく想い出す。

そう、豆粒のような雄花が連なる花穂を逆手にしごくと、雄花がポロポロと落ちて快感を覚えて、出ている穂出ている穂をしごいて遊んだこともあった。ブタクサにとっては至極迷惑であったことだろう。

このように、私は、ブタクサを見ると子供の頃を想い出す。

クマツヅラ
Verbena officinalis

道端や原っぱなど、どこにでもある野の草であるが、意外に知る人が少ないのが、このクマツヅラだろう。高さ六〇〜七〇センチメートルとなり、枝先に細長い花穂を槍のように突き出し、その先の方に小さな薄紫の花を数輪ずつ付けて咲き上がる。長い花穂の先にちょこっと咲く花で、あまり目立たないために気付く人が少ないのだろう。しかし、近寄ってその花をよく見ると、先が五弁に開き、「ここに咲いているゾ」といった感じで大変、可愛らしい。花色に、かなり濃淡があって、時にはほとんど白に近いものもある。葉は羽状に三裂して対生し、ヨモギの葉に似ている。茎は四角の方形でかなり硬い。葉には葉脈に沿って皺がある。

中国では、鞭《むち》のように長いその花穂から付けられたのか「馬鞭草《ばべんそう》」と云う。そして漢方では、茎葉を婦人病の治療に用いたり、葉汁を腫れ物に塗り薬として用いるなど、薬草として古くから用いられているが、煎じ薬として連用すると食欲減退などの副作用が出るので、素人はみだりに用いない方がよいと云われる。腫れ物に外用するのは問題はないだろう。

クマツヅラの語源については、いろいろ調べてみたが、よく解らない。ご存じの方があれば教えていただきたい。

クマツヅラ属（ウェルベナ *Verbena*）の植物は約二百種ほどあるという大きな一属で、特に中

和名：クマツヅラ
科名：クマツヅラ科
属名：クマツヅラ属
生態：多年草
学名：*Verbena officinalis*

南米に多くの種類があって、幾つかの種類が園芸化されている。最もポピュラーなのが、ビジョザクラ（美女桜）と呼ばれるブラジル原産のフロギフロラ種（*Verbena phlogiflora*）などから改良された種類。多くは枝分かれした茎は地を這うように茂り、その先々に桜型に開く小花を、傘形にぎっしりと咲かせ、赤、ピンク、白、紫など、その鮮やかな彩りが花壇を賑わせる。

最近わが国で改良されたタピアンという品種は、南アメリカ原産のテネラ種（*Verbena tenera* 和名：ヒメビジョザクラ）から改良されたもので、枝分かれして地を這いながら茂り、茎の先々にビジョザクラより小型の、紫や白、ピンクなどの花をカーペット状に咲かせるため大変人気がある。

ところで、このヒメビジョザクラを町の花としている珍らしいところがある。四国の阿波町でこれを知った時、何でこの花が町の花になったのか不思議に思ったが、次のような経緯があったのだ。

この町の教育委員会に勤めていた女性が大の花好きで、特にヒメビジョザクラがお気に入りの花であったらしい。挿し木で簡単に殖やせるため、挿しては殖やし、殖やしては挿し、これを町の空地や道路際に植えたのが始まりで、初めは御主人が手伝っていたが、それが次第に町ぐるみとなり、とうとう町の花に指定されるまでになったという。やがて大阪で催された花の万博で、阿波町のコーナーが、この花の波で覆われることになる。そして、「バーベナ・テネラの里」という名が全国に知られるようになった。これこそ麗わしき町起しと云えるだろう。

この他にも、クマツヅラ属にはリギダ種（*Verbena Rigida*）やウェノーサ種（*Verbena venosa*）なども園芸的に栽培され、鉢物などとして市販されている。

ハワイを始め東南アジア、中南米などの熱帯各地を旅すると、道路際などにクマツヅラに似た花を見ることが多い。クマツヅラと同じような咲き方をするが、さらに大きい紫色の花を長い花穂に付ける。ハワイではオイ（Oi）と呼ぶが、「オイ、これ何だ?」というわけで、この名前、一度で覚えてしまった。あまりにもクマツヅラに似ているので、クマツヅラ属の一種かと思っていたが、調べてみるとスタキタルフェタというクマツヅラ科ではあるが、別属の植物で学名をスタキタルフェタ・ウルティシフォリア（*Stachytarpheta urticifolia*）と云うようだ。形態からみると、かなりクマツヅラ属に近いものと思う。このオイ、ハワイの他ヴェトナムやボルネオでも見かけたが、すべて紫色の花であった。ところが中米のコスタリカへ行ったおり、カリブ海側の熱帯雨林で泊ったロッジの庭に、赤味がかったオレンジ色の花を咲かせているオイを見たことがある。オイの変種なのか、別種なのか、まだ調べがつかない。

　クマツヅラの花が咲き出すと、いよいよ夏到来で、咲き始めるとぐんぐんと花穂を伸ばして上へ上へと咲き上がる。いつまで咲き続けるのかと見ていると、結構長期間で、秋に至るまで咲く。

カラスウリ

Trichosanthes cucumeroides

秋も深まり、霜枯れる頃、立ち木にからみつく蔓《つる》に、赤い卵をぶら下げたような実をならせるカラスウリは、咲く花が少なくなる晩秋を彩る秋の風物詩と云えよう。

実が熟すと目立つカラスウリ、ところが、その花を知る人が案外少ない。夏に咲く花は、宵闇とともに開いて、明け方には萎んで終る一夜花のために見損なうことが多いからだろう。五枚に開く大きな純白の花は、弁周から翁の鬚《ひげ》のように、長く糸状に裂けてふんわりと垂れる。夜眼にも白く浮かび上がるように咲くその花は、まさに夢心地の世界。幽幻の花とは、このカラスウリの花のことであろうか。

一夜しか咲かない一夜花というのは、探してみると結構ほかにもある。ユウガオ（ヨルガオ）、マツヨイグサ、オシロイバナ、ゲッカビジンなどはよく知られているが、一夜花はもちろん、昼間咲いて一日で終る一日花も、ほとんどが夏に咲く花である。なぜ、そうなのだろう。気温との関係か、媒介昆虫の発生期との関係か、寡聞にしてよく知らないが、オシロイバナなど、秋になって涼しくなると翌日の午前中まで咲いていることがあるのをみると、やはり気温が関係しているのかもしれない。

さて、このカラスウリ、わが国の本州から九州へかけて至る所に野生するウリ科の蔓草で、他

カラスウリ
Trichosanthes cucumeroides

和名：カラスウリ
科名：ウリ科
属名：カラスウリ属
生態：多年草
別名：タマズサ
学名：*Trichosanthes cucumeroides*

のウリ類同様、葉脈から巻鬚を出して他の木にからみつき、這い上がりながら茂る。薄手の大きめの葉を付けるので、よく茂ると、からみついた立ち木を覆いつくしてしまうこともある。ウリ類は一年草が多いが、カラスウリは多年草で、しかも地下にダリアの球根によく似た塊根がある。ウリ類には、一つの株で雄花と雌花を同居させるものが多いが、これは別居生活で、雄株と雌株とがあって、実のなるのは雌株の方だ。たくさん生えるところでも、株数の割合に実のなっている株が多くないのはそのためである。花はどちらも同じような花だが、雄株は葉脈に数輪花をつけ、雌株の方は一輪ずつ付く。したがって、一株当りの花数は雄株の方が多く、雄花の方が目につくチャンスが多いはずだ。

紅熟する果実は、昔から霜焼けやあかぎれの妙薬として、その果実を潰した汁を塗ったり、蜜漬けにしておいた蜜を塗る方法をとることもある。小さい頃、祖母がこの蜜漬けをよく作っていたのを想い出す。また、この赤い果実を蔓ごと切りとり、ドライにしたものをクリスマスの飾りに使っても季節感が出てよいものだ。

このほか地方によっては、子供たちが紅熟した果実を採って中身を抜きとり、風船状にしたものに眼、鼻、口を切り込んで、人の顔に見立てて遊ぶ風習がある、ということを聞いたことがあるが、今でも、このような遊びは続いているだろうか。一方、塊根は喘息などの咳止めとして、刻んで乾かしたものを煎じて飲むとよく効くと云われ、薬草としても大変有用な植物である。

名の由来は、紅熟した果実を烏が食べるから、というのが通説のようだ。わが家の近辺も烏が多く、カラスウリのなっていることも多いが、烏がついばんでいるところは見たことがない。ただし、いつのまにかなくなっているところを見ると、やはり烏に食べられたのかもしれない。

別名、タマズサ（玉章）とも呼ばれる。これはこの種子が大変、変った形をしていて、黒い俵型の種子の中央に帯を巻いたような膨らみがあって、これが結び文のようだというところからこのこの名が生れたと云われる。たいそう優雅な名だが、この種子、どうみても、結び文というよりもカマキリの頭に見えてならない。物は見方、というが……。

カラスウリの仲間に、キカラスウリというのがある。カラスウリほど多くはないが、各地に野生していて、夜に、カラスウリに似たより大きい花を咲かせる。果実はカラスウリよりはるかに大きい広楕円形で、赤くはならず黄熟する。地下部には、カラスウリよりも大きい塊根があり、これから採った澱粉を「天瓜粉《てんかふん》」と称し、あせもに塗布するとよく効くと云われる。さしずめ、昔版シッカロールというわけだ。

今年も、やたらあちこちにカラスウリが生えてきた。畑に生えると始末が悪く、せっせと掘りとる。夜、風呂へつかりながら窓を開けると、眼の前に立ち木にからんだカラスウリが闇の中に白く浮ぶ。夢を見るようだ。と同時に、昼間引き抜いたことが良心を責めたてる。嗚呼……。

チドメグサ

Hydrocotyle sibthorpioides

芝生は陽当りが悪くなると、とたんに元気がなくなって枯れてくる。家庭の庭では、周囲に樹を植え、建物と庭木の間へ芝を張ることが多い。年を経て庭木が大きく育ってくると、芝生の外周が日陰になって芝が弱ってくる。そうなると、待ってましたとばかり侵入してはびこってくるのがゼニゴケか、このチドメグサだ。

チドメグサは「血止草」と書く。傷をして血が出た時に、この葉を貼ると血が止まるところから付けられた名である。植物名には凝った名をつけたものがよくあるが、これは誠に素直な名の付けようだ。

チドメグサは、庭によく生えてくるので知っている人は多いと思うが、何科の植物かとなると、普通の人にはまず解らない。そういう私も最近まで知らなかったし、考えてみたこともなかった。実はこれ、セリ科の植物なのである。セリ科植物というと、セリはもちろんだが、茎が丈高く伸びて、その先に白く小さな花を傘形にぎっしりと咲かせる、というイメージがある。ニンジンの花などは、その代表的なものだ。

ところがこのチドメグサ、茎が立ち上って伸びるどころか、地を這って茂り、葉も、切れ込みのある他のセリ科植物の葉とは全く異なり、小さな艶のある丸形の葉を節々に付ける。これがセ

和名：チドメグサ
科名：セリ科
属名：チドメグサ属
生態：多年草
学名：*Hydrocotyle sibthorpioides*

リ科植物などとは想像もつかないし、云われてもにわかには信じがたい。どうやら、花や果実の構造に、セリ科植物としての特徴があるようだ。セリ科植物であることも意外だが、さて、この花を見たことがあるだろうか。まず、気付かずにいる人が多い。花時は夏から秋へかけてで、節々から小花茎を出して、ごく小さな白い花を数輪かためて付ける。しかも、小花茎が葉柄よりも短く、葉陰にかくれてしまうことが多いため、よほど注意して見ないと解らない。立って、上から見ていては、よけいに解らない。

このチドメグサの仲間ヒドロコティレ属（*Hydrocotyle*）には、わが国に野生するものが何種類かある。ノチドメ（野血止）は、名のように野原などに生え、チドメグサによく似ているが、花茎が長く、花が葉よりも上部に咲くことが多いので、花の存在が解りやすい。チドメグサより大柄なオオチドメも、葉上に花が出て花房もやや大きく、これも花の存在がよく解る。これによく似た名前でオオバチドメグサというのがあって、うっかりすると間違えやすい。オオチドメは北海道から九州に至るまで分布するが、オオバチドメグサの方は暖地系のようで、関東以西がその住処《すみか》。種名もヤウァニカ（*Hydrocotyle javanica*）で、「ジャワ産の」と付けられているところを見ると、やはり南方系植物のようだ。山内の日陰地に生え、葉は大きく、表面に細かい毛が生えていて、他種とははっきりと区別が付く。花は緑白色で秋口に咲き、あまり目立たない。

もう一種、ミヤマチドメグサというのがある。これは正真正銘、名の如く深山の森林下に生える。チドメグサに似るが、葉にはあまり艶がない他、もう一つ面白い性質がある。チドメグサは冬も葉が枯れない常緑性の多年草だが、ミヤマチドメグサの方は、秋になると茎の先が地下に潜って白く肥大し、この部分だけが生き残り、春になると、ここから芽を出し、他の茎葉や根はすべて枯れてしまう。一種の球根性植物とも云えよう。花はごく小さく、ほとんど目立たない。

チドメグサとは別属扱いにされているが、非常に近い種類にツボクサ（*Centella asiatica*）というのがあり、わが国の暖地に野生する。葉はチドメグサより大きく厚手で腎臓形をなし、夏の頃、白色で弁先が薄い紅紫色にぼかされる小花を綴るが、これは目につかぬことが多い。ところが、葉が美しいことから観葉植物として栽培されることがあり、特に縮み葉のものや鶏冠状に彎曲《わんきょく》するものは、古典園芸植物の一つとして珍重されている。

チドメグサは芝生に入り込むと厄介な雑草となり、どうしても取り除かねばならない。蔓《つる》状の地を這う茎の節々から根を下ろしてしまうため、どこが株元か解りにくい。やっと株元をみつけて、いざ引き抜こうとすると、節々から根を張っていて蔓茎が切れて残ってしまう。丹念に抜かないと取り切れない。空地に生えているものなら、草掻《か》きで削りとれるが、芝生ではそうもいかぬ。ブツブツ云いながらとっているうち、その艶やかな丸い葉が何か愛おしく見えてきて、抜く手がしばしば鈍ってしまう。その小さな花でも見つければ、なおさらだ。

ヤエムグラ

Galium spurium var. echinospermon

今から千三百年ほど昔の奈良時代は、大陸から多くのものが渡来し、新しい日本文化が花を開きだしたよき時代であったようである。

この時代、多くの歌詠人たちが優れた歌を数多く残してくれた。これらの歌を集めたのが、かの万葉集である。そしてこの万葉集には、驚くことに、数多くの植物の名が登場する。その数なんと百六十六種という。いかに日本人が古くから植物に親しんでいたかがうかがい知れる。花の美しいものが多いが、中には雑草扱いにされるようなものまで登場する。その一つにヤエムグラが挙げられる。ただし、万葉集に登場するヤエムグラはクワ科の蔓草《つる》カナムグラのことだとも云われる。しかし、カナムグラ自体始末に悪い草の一つだから、これらの植物に詩情が浮かぶ昔人の心に、ほのぼのとした豊かさを覚えることに変りはない。以後、今日に至るまで、ヤエムグラは俳諧では夏の季語としても扱われている。

このヤエムグラ、山野のどこにでも見られるアカネ科ヤエムグラ属の一年草で、高さ六〇センチメートルほどになる、断面が四角になる茎を伸ばす。この茎には細かい逆さ刺《とげ》が密生していて、手でしごくとざらざらする。この茎は意外に軟らかく、逆さ刺によって互いに持ちつ持たれつという感じで立ち上がっていることが多い。そして、その細長い葉は、長く伸びる茎の節々に輪状

和名：ヤエムグラ
科名：アカネ科
属名：ヤエムグラ属
生態：越年生１年草
学名：*Galium spurium var. echinospermon*

に付く。その様子が着物の八重がさねのようなところから、あるいは幾重にも重なるようにして茂るため、この名が付けられたと云われる。漢字で書くと「八重葎」、葎とは草むらのこと。これから考えると、重なって茂る説のほうが正しいものと思う。漢名は「拉拉藤」または「猪殃殃」。

輪状に葉が付くが、本当の葉はこのうちの二枚。他の葉は、托葉《たくよう》だそうだが、見た目には同じようでよく解らない。これはヤエムグラの仲間の共通点だ。夏の訪れとともに節々から小枝を出して、その先にごく小さな黄緑色の花を数輪咲かせるが、目立つ花ではない。

花後、オオイヌノフグリのように小さなフグリ状の果実を付け、表面に細かい鉤爪《かぎづめ》があるため、この中を歩く人間の衣服や動物の毛などにくっついて遠くへ運ばれ、分布を広める。

わが国には幾つものヤエムグラ属の植物がある。小さな卵形の葉を四枚輪生するヨツバムグラ、同じように細かく小さな葉を四枚付けるヒメヨツバムグラ、湿地に生えるホソバノヨツバムグラの他、山林下で見られるヤマムグラなどがある。

この仲間で花の最も美しいと思うのが、カワラマツバだろう。各地の山野に広く野生する多年草で、高さ五〇センチメートルほどに直立する茎を伸ばし、その先に長い円錐状の穂を出して、白く細かい花をぎっしりと咲かせる。風に揺らめく姿など、中々風情があって美しい。葉は細長い松葉状で、八枚ぐらいを輪生し、日当りのよい河原などにもよく群生するため、この名が付けられたようだ。

これの黄花種で、キバナカワラマツバというのがある。これと、カワラマツバの中間的な色合いの淡黄色花を咲かせるウスギカワラマツバと称するものもあるが、これはカワラマツバとキバナカワラマツバの雑種ではないかと思うが、どうだろうか。特に北海道に多く、エゾカワラマツバとも云う。

　キバナカワラマツバはヨーロッパの山野でもよく見かけ、植物学的にはカワラマツバの母種となっている。さらにヨーロッパには、カワラマツバによく似たガリウム・アルブム（*Galium album*）という白花種も多い。

　ヤエムグラ属にごく近縁のグループに、クルマバソウ属（アスペルラ属*Asperula*）というのがあり、クルマバソウがその代表種。八〜九枚の葉を輪生し、二〇〜三〇センチメートルに伸びる茎上に、ヤエムグラのそれより大きい白色花を小房状に咲かせる。山林下に咲くその姿には、楚々とした美しさがある。このクルマバソウの種名オドラータ（*Asperula odorata*）とは、「香りのある」という意味で、この葉を干したものはよい香りを放ち、ヨーロッパではビールやワインの香りづけに使われることがあるそうだ。

　ヤエムグラは、よく生垣の裾などに生えてくる。手入れの悪い生垣は裾から枯れ上がることが多いが、そんな生垣の枯れ枝に這い上がるようにして茂る。裾隠しの役目をしてくれているが、結局は抜き取られることになる。「せっかく裾隠しをしてやっているのに」と、ヤエムグラは恨めしく思っているかもしれない。

ネナシカズラ

Cuscuta japonica

最近、パラサイトという言葉が流行っている。寄生虫的人間という意味で使われていることが多いようだが、本来は寄生動物や寄生植物のことを意味している。他の生物に取り付いて、そこより栄養分を横どりして生活する生物のことである。何ともずうずうしい生き物だが、中には大変律義なパラサイトもいる。例えば、マメ科植物の根に寄生する根瘤菌は、根に宿を借りる代りに土の中のチッソ分を固定して宿主に供給する。ちゃんと宿賃を払っているわけだ。また、ランの根に寄生するラン菌は、ランから養分をもらう代りに、ランの種子がこぼれると、これに取り付いて発芽に必要な栄養を与える。養分の貯蔵庫である胚乳を持たないランの種子が、自然界で発芽するのも、このラン菌というパラサイトのおかげである。

このように、お互に助け合う善玉パラサイトもあるが、取り付くと栄養分を取り尽くすだけで、取り付かれた本体は、そのために衰弱したり枯らされてしまうという悪玉パラサイトもある。植物のパラサイトのうちで、その最たるものがネナシカズラだろう。

ヒルガオ科の蔓《つる》植物で、葉はなく蔓にも葉緑素をもたず、光合成ができぬため、他の植物にからみつくと、蔓より出る寄生根が宿主の体中に喰い込んで養水分を吸収して育つ。まさに吸血鬼そのものだ。枝を出しながら、やたらと伸びまくり、そのうちに宿主を覆いかくしてしまうほど

和名：ネナシカズラ
科名：ヒルガオ科
属名：ネナシカズラ属
生態：1年草
学名：*Cuscuta japonica*

に茂る。

そのために、取り付かれた植物はだんだんと衰弱して、枯れてしまうこともある。宿主を殺してしまえば、養水分がもらえなくなってネナシカズラの方も困るはずだ。ところが、夏から秋へかけて花を咲かせ実を結び、種子を撒き散らすと仕事終いとなって、種子に次世代を託して本体は枯れて一生を終る。こぼれた種子は翌春芽を出す。芽が出た当初は根を地中に下ろして生活するが、蔓が伸びて他の植物にからみつきだして、宿主の体に蔓より出る寄生根が突き刺さると、幼苗時の根は不必要になって消えてしまう。

マダガスカル島には、他の木に巻きついて、何年もかかって取り付いた木をしめ殺してしまうという「シメコロシノキ」というのがあるそうだが、自然界には、どうしてそのような生き方をするものがあるのか、凡人には理解し難い。が、これも、厳しい自然界で生き残るための一つの手段なのであろう。

ネナシカズラは樹木類にからみつくことが多いが、これによく似ていて草物類に寄生するものもある。たとえば、大豆や、その仲間で各地に野生するツルマメなどに好んで取り付くマメダオシ。また、中部以西の暖地海岸に野生し、藤色の美しい花を咲かせる海浜性植物として有名なハマゴウに寄生するハマネナシカズラというのもある。

いずれもその蔓は黄色く、遠くから見てもからみついている様子がよく解る。これらはアサガオと同じように左巻きに巻きつき、白いごく小さな花をかためて咲かせるが、ネナシカズラが最も花数が多く短穂状となる。ほとんど目立たない花だが、よく見ると五裂する白い花で、中心に赤い葯《やく》が覗き、悪玉植物にしては意外にかわいらしい。

私の農園には、かつてはネナシカズラの「ネ」の字もなかったが、ある年から数年間、このネナシカズラに悩まされることになってしまった。なぜ、ネナシカズラが入り込んでしまったのか？　それには次のようなわけがあった。ある年、市場から仕入れた鉢物にネナシカズラの蔓の付いているのがあった。蔓は切れ端がわずかに付いていた程度であったため、しばらくは気がつかないでいた。ところが、このネナシカズラ、少しでも蔓が残っていると、何しろパラサイトである。寄生根が少しでも残っていると再び生長してどんどん蔓が伸びて復活してしまう。気がついた時には、周りの鉢物までに飛び火してしまい、取っても取っても、それこそ取り残した蔓が少しでもあれば、時ならぬうちにはびこり始める。

　巻きつき式の蔓植物であるため、これを巻き戻しながらはずさねばならない。しかも、蔓が細いので切れやすい。少しでも残さずに取り除くのはまさに根気仕事で、いささか疲れてしまう。

　一年草で、そのうちに枯れてしまうからなどと油断していると、いつの間にか開花結実して、種子がこぼれて翌年生えてきて、またからみつきだす。いやはや、何とも始末に悪いパラサイトであって、さすがの私も好きになれない。

セリ
Oenanthe javanica

春の七草の筆頭に出て来るのがこのセリ。セリ摘みというと、春の季語の代表的な言葉だが、その花は夏に咲く。水田や溝などに群生し、葉には独特な香味があって昔から食用にされてきた。時には水田などで栽培され、八百屋でも売られているので、野菜の一つに数えられることもある。七草粥《ななくさがゆ》の香りというと、ナズナの香りとも云えるが、セリもその香りによって存在を知る。

八百屋で売られるものは、水田で肥料を与えて育てるために、葉は大きく伸びて質も軟かいが、野生のものは冬の寒さで引きしまって育つため、小柄でやや硬い。しかし、その香りは栽培品よりも強く、食通の人などは「セリは野生のものに限る」とまで云う。ウドが「野生の山ウドが一番」というのと同じだ。

さて、このなじみ深いセリ、全国に分布して、よく群生をする。地下茎を盛んに出して殖えるし、花後になる種子がこぼれ落ちても殖える。まさに多産系の植物で、そのために群生しやすいわけだ。ぎっしりと迫り合って茂るので、「迫り子」が転訛してセリになったという説もあるほどだ。食べ時は春の若苗の頃だが、初夏の頃から薹立《とうだ》ちして、夏に入るとその先に白く小さな花を傘形に群れて咲かせる。ただし、薹立ちすると硬くなって、食べるには向かなくなる。私たち人間様にとっては用無しの時期となるためか、若苗のセリはよく知られていても、このセリの花

和名：セリ
科名：セリ科
属名：セリ属
生態：多年草
学名：*Oenanthe javanica*

を知る人は案外少ない。

セリは専ら野の菜として用いられてきたが、これに、時おり斑入《ふ》り葉のものが見つかる。斑入り植物大好きの日本人が、これを見逃すはずがない。「斑入りセリ」として好事家の間で観賞されることがある。白斑であるが、薄紅色がかって優しい感じがして、なかなか美しい。

セリという名の付けられた植物は、セリの仲間（セリ属）ではなくとも、セリ科植物にはかなり多い。セリと同じように水湿地に生えるサワゼリ、伊吹山の名を冠した亜高山性のイブキゼリ、海岸地帯に生え薬用にもされるハマゼリ、名前で面白いのがエキサイゼリ。何のことが解りかねるが、このエキサイとは越中富山の藩主・前田益斎《えきさい》（前田利保）侯のことで、同侯がこれを画家に描かせたことによるという。どうして、このような野の草を描かせたのか、よほど植物に興味を持っていた殿様だったのだろうか。

セリと名付けられた植物で、最も注意しなければならない種類にドクゼリというのがある。各地の小川や沼地、溝などに生え、その若い時はセリに似ていて、うっかりすると間違えることがある。ところが、その名のように毒があるどころか、猛毒植物の一つで、間違って食べたら命取りとなる恐ろしい植物だ。

以前、アラスカへ出かける度に世話になった、現地旅行社社長のSさんから電話がかかってきた。何の用かと思ったところ、セリが生えているのを見つけたので、採って食べようと思ったが、ドクゼリというのがあると聞いていたので、心配になって私に聞いてみようと思って電話をしたとのこと。

アラスカにはドクゼリがあって、よく見かけるが、日本のセリはない。

「あっ！　それはドクゼリですよ。食べたら大変！　採らなくてよかった……」

ということで、危くセーフ。まずはよかった、よかったで一件落着したことがある。

ドクゼリは、セリのような香りがないし、掘ってみると、筍のような中空の太い地下茎があるので、すぐ区別がつく。この地下茎、わが国では昔、「延命竹」と称し、水盤に活け、正月の飾りにしたそうだが、こんな猛毒植物を正月に用いるとは、何と恐ろしいことだ。まかり間違えば〝絶命竹〟になりかねないのに……。

このドクゼリは、シクトキシンやシクチンという猛毒を含み、特に地下茎に毒成分が多いそうだが、その毒は全草に含まれるので、セリ摘みをする時には気をつけてほしい。

ドクゼリはご免こうむるが、早春のセリ摘みは大変楽しい。寒さも和らぎ、小川の水も温む頃ともなれば、摘み草のシーズンの始まりである。女の子はレンゲの花摘みをして遊ぶ。母親はしゃがみながらセリ摘みに余念がない。摘まれたセリが、胡麻和えにされて夕食の膳にのぼる。それは幸せな春の味わいと云えるだろう。のどけき春の一日である。

コニシキソウ
Euphorbia supina

草取りをしていると、種類によっていろいろな草姿があるのに気がつく。茎が直立して伸びるもの、やたらに枝を出して茂るもの、根生葉を茂らせ、株元からいきなり花茎を出すもの、株元から数多くの茎を出し、その茎が地面に這いながら節々から根を下ろして、がっちりと大地を噛みながらはびこるものなどなど、実に様々な姿を見せる。

それらの中にあって、細い茎が枝分かれしながら、ぺたっと地に張りつくようにして茂るものにコニシキソウがある。

北アメリカ原産の帰化植物の一つで、明治二十年頃に渡来したというから、かなり古手の帰化植物だ。たぶん、これも利用価値があって持ってこられたのではなく、荷物などに種子がくっついて渡ってきたものだろう。今では日本全国に広がって、空地、道端、畑など、どこにでも見られる雑草の一つになっている。

ノウルシやトウダイグサなどと同じ、トウダイグサ科トウダイグサ属（エウフォルビア *Euphorbia*）の植物であるが、他の同属のものと、まったくスタイルが違うので、それと教えられてもすぐには信じられないほどだ。花はごく小さく、ルーペで調べてみないと、その構造がよく解らないが、構造は確かに他のトウダイグサ属のものと共通している。この花は夏から秋へか

和名：コニシキソウ
科名：トウダイグサ科
属名：トウダイグサ属
生態：1年草
学名：*Euphorbia supina*

けて葉腋《ようえき》に付き、くすんだ赤っぽい色をしている。葉は小さな楕円形で暗紫色の斑点があり、対生して付く。

コニシキソウは「小錦草」の意で、この仲間にニシキソウというのがあって、これより小振りであるところから付けられた名前だ。ニシキソウの方は帰化植物ではなく、元々わが国の野生植物の一つだ。コニシキソウよりやや大柄で、やはり畑や空地などに生えるが、葉に紫斑がないので容易に区別できる。近頃はコニシキソウの方がはびこっていて、ニシキソウは押され気味となっているようだ。ニシキソウの名は、茎が赤く、葉の表が濃緑色で裏が白っぽいため、そのコントラストが錦のようだというところから付けられたようだが、少し褒めすぎのような気もする。むしろコニシキソウの方が、上から見ていると、地面に模様を描いたようで、葉の紫斑が意外に目立って錦絵的な面白さがある。

コニシキソウ、ニシキソウともにトウダイグサ属の一員とは思いにくいが、茎や葉をちぎると白い乳液を出すので、なるほどトウダイグサ属の仲間だと納得できる。前にも触れたが、このトウダイグサの仲間の乳液には毒成分がある。ニシキソウ、コニシキソウともに、やはりマクラトールなどの毒成分があって、汁が皮膚などに付着すると炎症を起すという。

この仲間で、わが国に野生しているものに、もう一つオオニシキソウというのがある。これもコニシキソウと同じく北アメリカからの帰化植物で、他二種が地を這って茂るのに対して、こちらの方は茎立って育ち、二〇~二五センチメートルほどの高さにまで伸びる。葉にはニシキソウ同様に紫斑がない。ところが図鑑を見ると、学名はエウフォルビア・マクラタ（*Euphorbia maculata*）と記されている。種名のマクラタとは「斑点のある」という意味で、この学名は、以前はコニシキソウの学名とされていたものである。コニシキソウの葉には紫斑があるのでマクラタの種名が付けられたものだが、オオニシキソウには紫斑がない。さて、これは一体どういうことなのだろうか。

コニシキソウの学名は、最近はその種名がマクラタではなくスピナ（*Euphorbia supina*）に変更されているが、スピナとは刺《とげ》のことである。この草、どう見ても刺はない。はてさて、どうして種名を変更したのか。いろいろと考えているうちに一つ思いついたことがある。ニシキソウには茎葉や果実に毛がないが、コニシキソウの方には微毛がある。そして、毛の有無がニシキソウとの一つの区別点となっている。この毛を刺毛と見立てれば、何とか納得できないことはない。ただし、これは私の勝手な想像で、正しいかどうかは解らない。

梅雨に入ると、我が世とばかりに、いろいろな夏草が茂りだす。メヒシバやエノコログサなど、イネ科のものは根を張ってしまうと引き抜くのにかなり骨が折れるし、小型のものでも、ジシバリのように這うように伸び、茎の節々から根を下ろしてしまうものは意外に手こずる。あるいは、小型のものでもコナスビのように、根がしっかりと張っていて簡単には抜けないものもある。草取りでは、それぞれの草の根の張り具合を覚えておくことも大切だ。

その点、コニシキソウやニシキソウは地を這って茂るが、茎からは根を下ろさないので、株元を見つけて引き抜くと、一株そっくり気持ちよく（？）抜けてくる。

ワルナスビ

Solanum carolinense

ワルナスビとは、「悪い茄子」という意味で、名前からして善玉植物とは思えない。この命名者は、かの有名な植物学者・牧野富太郎博士である。なぜ、このような名を付けられたか、同博士は『植物一日一題』という著書で、その経緯を述べておられる。

牧野博士が、この植物を初めて見たのは、今から八十年近く前のことであるらしい。千葉県の三里塚（今の成田空港付近）へ植物採集に出かけたおりに見つけられたようだ。同地は三里塚牧場があったところで、牧草とともに外来植物がいろいろと生えていて、このワルナスビも北アメリカ原産のもので、同地に入り込んで野生化していたもののようだ。

博士は初めて見る珍しい植物として早速、この地下茎を掘り取って持ち帰って植えておいたところ、年ごとに猛烈にはびこって始末におえなくなってしまった。やたらとはびこる地下茎は、取っても取っても切れ残り、しまいには近所の農家の畑にまで入り込み、大弱りしたとある。憎さ百倍で「ワルナスビ」という和名を付けられたのだそうだ。

このワルナスビ、花は薄紫でナスの花にちょっと似ていて、ジャガイモのように房になって咲く。草丈は五〇～六〇センチメートル、葉は先が尖った葉縁が切れ込む薄手の葉で、葉、茎ともに刺《とげ》がある。花後、黄熟する小さな球形の果実をならせ、この種子が落ちて殖える一方、地下に

和名：ワルナスビ
科名：ナス科
属名：ナス属
生態：多年草
学名：*Solanum carolinense*

長く伸びる地下茎をはびこらせて、そこより芽を出すのでたちまちのうちに広がって群生してしまう。このように、地下茎で殖える草は、ドクダミにしろヤブガラシにしろ、生え始めると根絶やしにしようと思っても、少しでも切れ端が残ると、そこからすぐに芽を出すので始末が悪い。牧野博士がお手上げになって、ワルナスビと命名された気持ちがよく解る。

　ワルナスビが属するナス属（ソラヌム *Solanum*）の植物はきわめて多く、世界中に約千五百種もあるそうだ。その中には、野菜として栽培されるものも多い。代表的なナスを始めトウガラシ類などは、その果実を利用するが、ジャガイモは地下にできる薯《いも》を食用とする。そのほか観賞用に栽培されるものもあり、トウガラシにも観賞用種がある他、丸く紅熟する球果が美しいフユサンゴや、果実に角状の突起が出て黄熟し、その形と色合いが面白いツノナスなど、いずれもナス属の一員である。

　わが国にも幾つかの種類が野生していて、その中にヒヨドリジョウゴ（鵯上戸）というのがある。各地の山野でよく見かける蔓《つる》植物の一つで、木の枝などにからみついて伸びるが、このからみつき方がちょっと変っている。フジのように蔓自体が巻きつくのではなく、そうかといって巻《まき》鬚《ひげ》を出してこれが巻きついて這い上がるのでもない。葉柄《ようへい》が巻鬚のように巻きついて取りつくという面白いからみつき方をする。これは、テッセンなどのクレマチス類にもよく見られる。

　このヒヨドリジョウゴ、夏から秋へかけて、ナスの花をごく小さくしたような白い花を房状に咲かせる。花後、赤く色づく小さな球果をならせるが、この実をヒヨドリが好んで食べるところからヒヨドリジョウゴと云うのだそうだ。ところがこの植物、有毒植物の一つである。実には毒がないのか、それともヒヨドリはこの毒に当たらないのか、その辺のことがいまだによく解らない。

これによく似た、同じように蔓を伸ばす種類にヤマホロシというのがある。ヒヨドリジョウゴよりやや花は大きく、薄紫の花を咲かせ、花後に紅熟する球果をならせる。ヒヨドリジョウゴは葉の底部が凹み心臓型となるが、ヤマホロシの方は凹まず細長い卵状なのと、前者には茎葉に微毛が生え、後者には生えない点などで区別ができる。この他、葉がヤマホロシより大きいマルバノヤマホロシというのもあって、いずれも有毒植物とされている。ヤマホロシは近頃、行灯《あんどん》仕立てにされているものが売られていることがあり、派手ではないが、どことなく野趣があって楽しめる。

わが家の農園には、幸いにも今のところワルナスビは入り込んでいないが、その代りに同属のイヌホオズキはよく生える。この植物は世界各地を股にかけて広く分布している植物の一つで、やはり有毒植物である。漢方では「竜葵《りゅうき》」と称して解熱や利尿剤として用いるようだが、素人はみだりに使わぬ方がよい。一年草で、畑、空地、道端などに生え、角張った枝分れする茎を茂らせ、夏になると白く星形に開く小花を小房状に咲かせる。普通は花後に黒熟する球果をならせ、これが落ちて翌春芽を出して殖えてゆく。

ギシギシ

Rumex japonicus

イ、エ、キ、シ、チと書くと、はて何のことだろうと思われるに違いない。実は、これすべて一文字の植物名なのだ。クイズ番組にでも出したら面白いと思うが、果して何人が正しく答えられるだろうか。

この中の「シ」というのが、実はギシギシのことで、古くはただシと云っていたらしい。因みに「エ」は大木になるエノキのこと。「キ」はネギの古名で、ネギのことを「一文字」と呼ぶのも、ここからきている。「チ」とはイネ科多年草のチガヤの古名だ。「イ」（ヰ）はイグサのことで、これだけは今日でも正式和名とされているから、現在でも正式和名として一文字であるのはこのイだけということになり、他のものはいずれも古い時代の呼び名ということになる。

さて、古く「シ」と呼ばれたこのギシギシ、全国各地どこにでも見られる、ごく普通の野の草である。田圃の畦や土手などの湿っぽいところに生えると云われるが、畑や空地などにもよく生えるから、必ずしもそうとは限らない。

春になり、新芽が出始めると、あれよあれよというちに育って、大きく長い、艶のある濃緑色の葉を茂らせてくる。他の草々を圧倒して茂るため、引き抜こうとすると、これがまた、ちょっとやそこらでは引き抜けない。太い根がしっかりと地中深くに伸びて、シャベルで掘り起

和名：ギシギシ
科名：タデ科
属名：ギシギシ属
生態：多年草
学名：*Rumex japonicus*

さざるを得なくなる。面倒くさくなって根際で刈りとると、残った根株から何本もの芽を出して、かえって大株に茂りかねない。

畑などに生えると、手こずる雑草の一つだが、この太い根は切ってみると黄色く、昔からいろいろと薬用として使われた有用植物の一つでもある。実はこのギシギシ属は、薬草として有名なダイオウ（大黄）に近縁の一属である。やはりダイオウと同様な薬効があるらしく、その代用品として用いられてきたために、地方によってはギシギシをダイオウと呼ぶこともあるようだ。そして、この根を「しのね」と云い、漢方では「羊蹄根《ようていこん》」と云う。根を擂《す》りおろして、酢を加えて練ったものは、水虫や田虫などの他、諸々の皮膚病の塗り薬としてよく効くと云われ、これなどは試みる価値があろう。

「シ」という語源はよく解らないようだ。「ギシギシ」の方は、その茎をすり合わせるとギシギシという音がするからという説が一般的であるが、これも定かではない。大株を引き抜いて持ち運ぶ時など、ギシギシときしむような音がしないでもない。

ギシギシ属（ルメックス *Rumex*）には数多くの種類があるが、その中で最もなじみ深いのが、通称スカンポ、すなわちスイバであろう。昔は、その新芽を食べたり、子供たちがおやつ代りに茎を齧《かじ》ったもので、その酸《す》い味《み》が子供心にも忘れられない。もっとも今の子供たちは、こんなことはしないだろうが……。ただしこの酸い味、蓚酸《しゅうさん》によるもので、多量に食べるとよくないので注意したい。

スイバは男女の区別のある雌雄異株の多年草で、葉はギシギシより小振り。春から夏へかけて、六〇〜八〇センチメートルに伸びる茎を立てて、その長い穂先に赤っぽい小花を密集して咲かせる。ギシギシの花は淡緑色で美しいとは思えないが、スイバの方は花盛りになると結構見られる。

スイバを小型にしたような、ヨーロッパ生れのヒメスイバというのがある。わが国各地に野生化していて、荒地などに群生するのをよく見かけるが、花の色がスイバより赤く、群生すると赤い絨緞《じゅうたん》を敷きつめたようになって美しい。このヒメスイバ、わが国はもちろんのこと世界各地に野生化しているようで、海外へ出かけると、あちこちでお目にかかる。

ヨーロッパから渡来して居着いたものには、このヒメスイバの他、大型のエゾノギシギシや葉の長いナガバギシギシなどもあるが、いずれも荒地や道端などに生えることが多い。

ギシギシの仲間はいずれも小さな花を無数に咲かせ、よく結実するので多量の種子ができる。多年生種は、しっかりと根を宿して越冬するし、多量の種子を落すため、放っておくとたちまちのうちに群生してくる。

わが家の農園にも毎年のようにギシギシが生えてくる。鉢物などにも、種子がこぼれて生えてくることがある。早いうちに抜き取らぬと、すぐに大きくなって抜けなくなるばかりでなく、植わっているものが負けて、消えてしまう。畑に生えたのを根から掘り、地面に転がしておいたことがあったが、雨でも降り続くと、また芽が出てきて根着いてしまう。いやはや、どうにも厄介な雑草の一つだ。

シナガワハギ

Melilotus suaveolens

私が初めてシナガワハギの仲間を見たのは、今から二十年ほど前のことだった。しかし、それはわが国ではない。遠く、アラスカへ出かけた時のことである。六月下旬から七月中旬の一カ月間、それはアラスカの夏の季節で、この短い夏に、同地の野生の花々は一斉に咲く。

ヒメヤナギランの赤紫の花が河原を飾り、ルピナスの青紫の花がカーペットを敷きつめる。湿原には、ワタスゲの綿帽子が雪積るがごとく大地に広がり、クロユリの群落に混って赤花のオダマキが彩りを添える。アラスカというと、氷河、オーロラ、白一色の雪景色など、とかく冬景色が想い浮ぶが、この短かい夏の季節は野の花の花盛りとなって、云い表せないほどの美しさだ。

アラスカ鉄道の旅、それはアラスカの大自然を満喫できる素晴らしい旅となる。滔々《とうとう》と流れる大河の流れ、トウヒ類の原生林、湿原や池沼には、運がよければムース（ヘラジカ）の姿も見られるし、渓谷を遡るキングサーモンの群泳に出合うこともある。遥かに最高峰マッキンリー山を望むこともできるし、それにも増して楽しいのは、沿線に咲き乱れる野の花々で時を忘れるほどだ。この車窓から見る花々の中に、黄色い小さな花を長い花穂に綴る花がある。これがシナガワハギそっくりだったのだ。

わが国に野生するシナガワハギは元来、東アジア原産のマメ科の一年草で、古く渡来し野生化

和名：シナガワハギ
科名：マメ科
属名：シナガワハギ属
生態：越年生１年草
学名：*Melilotus suaveolens*

した帰化植物の一つと云われる。全国各地の、それも海浜地に多く野生化しているようだが、かなり内陸にまで入り込んでいて、特に北海道ではよく見かけるような気がする。シナガワハギの名は「品川萩」の意で、東京の品川周辺に多く野生していたことから付けられたそうだが、今では都市化されてしまって、探してもまず見つからないだろう。

この仲間メリロトゥス属（*Melilotus*）は、十六種ほどが東アジアからヨーロッパへかけて分布している。ヨーロッパには、オッフィキナリス種（*Melilotus officinalis*）やアルティッシマ種（*Melilotus altissima*）など、シナガワハギと同じ黄花の種類がある。アラスカのものはシナガワハギに酷似している多年生のオッフィキナリス種のようで、カナダでもこれを見かけたことがある。いずれも、鉄道線路の敷き砂利の間に多く生えていたところをみると、砂礫地が好みらしい。わが国でも海岸の砂浜に多いという。

アラスカ、カナダのものは、もともと同地原生のものではなく、ヨーロッパからの帰化植物というわけだ。わが国のシナガワハギは中国からの渡来種と思われ、中国では「辟汗草」という。属名のメリロトゥスのメリ（*meli*）は蜂蜜のことで、ロトゥス（*lotus*）はミヤコグサのこと。花をマメ科の黄花を咲かせるミヤコグサに模し、蜜を多く出すのか、蜜のような香りを持つためかはよく解らないが、この草を乾かすとよい香りがするそうだから、蜜のような香り説が正しいのかもしれない。種名のスアウェオレンス（*suaveolens*）とは「香りのある」という意味で、干した草の香りから名付けられたものであろう。一度、乾かして、どんな香りがするのか試してみたいと思っているが、いまだ果していない。

シナガワハギと同属のものに、白花を咲かせるコゴメハギというのがある。中央アジア原産と云われ、学名をメリロトゥス・アルバ（*Melilotus alba*）と云い、これもわが国へ渡来していてシナガワハギ同様野生化しており、やはり北海道でよく見かける。ヨーロッパにも広く分布しているようだが、同地のものもやはり帰化野生化したものだろう。種名のアルバとは「白い」という意味で、白花であるところから名付けられたものだ。和名のコゴメハギとは「小米萩」の意で、その小さな白い花を小米に見立てたものである。

アラスカやカナダで見かけたオッフィキナリス種の、オッフィキナリスとは「薬用の」という意味である。寡聞にして、これが薬用になるということは聞いたことがないが、向うでは、ハーブの一つとして薬用に使われていたのだろうか。

シナガワハギ、コゴメハギともに完全に野の草であるが、風に揺らめきながら咲くその姿はなかなか風情がある。両種ともども庭植えにして、金銀そろえて楽しんでみたい気もする。

ヤブラン

Liriope platyphylla

漢字で書けば「藪蘭」。名のように林や藪の下草として生える常緑の多年草で、ランの名がつくが、実はランの仲間ではなく、ユリ科の植物だ。植物名には「ラン」の名の付く植物がかなりある。もちろん、シュンランやシランなど正真正銘のラン科植物であることが多いが、ラン科植物以外にも結構多い。このヤブランもその一つで、この他にもキミガヨラン、ノギラン、タケシマラン、スズランなどのユリ科植物に多いが、クンシランやリュウゼツランはヒガンバナ科、クマタケランはショウガ科、マツバランはマツバラン科、サクラランに至ってはガガイモ科というように、他科の植物名にも結構出てくる。ランの名前が乱用されているというところか。

魚にも、「タイ」の名を冠した魚名がすこぶる多く、タイ科以外の魚の方がはるかに多い。「腐っても鯛」とよく云うが、タイの名を付ければ高級魚ムードとなるからだろう。ランの名が乱用されたのも、高級扱いされるランに肖《あやか》ったのかもしれない。

さてこのヤブラン、確かにその葉はシュンランの葉に似て細長く、濃緑色で艶があり、葉姿がよいために昔からよく庭木の下草として庭植えにされてきた。

夏が訪れると株元から細い花茎を伸ばし、藤紫色の小花を細長い花穂に綴り、庭木の木陰に映えて意外に美しい。根を掘り上げてみると、根先の方が肥大して、落花生形の球根ができている。

和名：ヤブラン
科名：ユリ科
属名：ヤブラン属
生態：多年草
学名：*Liriope platyphylla*

この球根を陰干ししたものを「麦門冬《ばくもんどう》」と称し、去痰鎮咳《きょたんちんがい》や強壮薬として用いられるが、麦門冬の名は本来はジャノヒゲのことで、生薬としての麦門冬も、本物はこのジャノヒゲの塊根を干したものらしい。ヤブランの方は品質が劣るため、「土麦冬《どばくどう》」というのだそうだ。ということは、薬用としてのヤブランは、ジャノヒゲの代用品ということになる。

ヤブランはユリ科のヤブラン属（リリオペ *Liriope*）に属するが、ジャノヒゲはごく近縁の別属でジャノヒゲ属（オフィオポゴン *Ophiopogon*）の一種である。厄介なことに、観賞用としてよく庭植えにされるノシランもジヤノヒゲ属の一種だが、この学名が何とオフィオポゴン・ヤブラン（*Ophiopogon jaburan*）となっていて、何ともややこしい。混乱の極みだ。

ヤブランはそれ自体、葉姿よく、花も見られて庭植えにして楽しまれるが、葉縁が白く縁取られる斑《ふ》入り葉種があって、さらに美しく、市販されるものはこちらの方が多い。同属のものにもう一種、ヒメヤブランという小型種があって芝地などに野生するが、小振りなことや花に香りがあることなどから、鉢植えにして楽しまれる他、グランドカバーとしても使われる。

偽ヤブラン？　とも云えるジャノヒゲ属のノシランは、わが国暖地の産で海辺の林下などに野生する。葉幅がヤブランより広く、厚手で艶があり、花は多くは白花（時に薄紫）で、花筒が長く垂れぎみに咲き、濃緑の葉と相まって目立ち、全体的にボリューム感がある。これもヤブラン同様に庭植えにされることが多い。ノシランは「熨斗蘭」の意で、その平たい葉を熨斗鮑《あわび》に見立てた名だそうだ。花後にコバルトブルーの丸い実をならせ、これも結構美しい——ヤブランの方は黒光りする球果。

このノシランの同属で代表的なのがジャノビゲで、細い葉を密に茂らせ、日陰地の縁取りとしてよく植えられる。一般にはリュウノヒゲと呼ぶことが多く、この名の方が通りがよい。細く茂る葉姿を、蛇や竜の髭《ひげ》に見立てた名のようだが、さて、蛇には髭があったかしら……。このジャノヒゲの仲間にはコンパクトに茂るチャボリュウノヒゲという小型種があり、これの一品種で黒紫色の葉の黒竜という品種がもてはやされ、日陰の庭のグランドカバーによく植えられている。

ヤブラン属もジャノヒゲ属も、わが国の林下に生える地味な野草であるが、いずれも広く庭植えにされて楽しまれている。野草中の果報者と云えよう。

五年ほど前の八月に韓国を訪れたことがある。釜山でもソウルでも、国民の花と云われるムクゲの花や、サルスベリの花が町々を飾っていた。公園へ行くと、鬱蒼《うっそう》と茂る木々の下草にヤブランが植えられていて、ちょうど花盛りであった。わが国でも、あちこちでよく見かけるが、あんなによく咲いているのは見たことがない。すっかりヤブランを見直してしまった。韓国への旅で一番印象に残った花、それがこのヤブランの花であった。

ヤブミョウガ

Pollia japonica

昔、ヤブミョウガはミョウガやショウガなどと同じショウガ科の植物だと思っていたが、これが何とツユクサ科の植物であることを知り、「へえ、これツユクサ科なの！」と、びっくりした覚えがある。

葉だけを見ていると、ミョウガによく似ていて、とてもツユクサ科の植物とは思えない。茎は太めで、しっかりと直立して五〇～七〇センチメートルほどの高さに伸びて、七～八月の頃、茎頂から長い花茎を伸ばし、白い小さな花を、輪状に何段にも咲かせる。蕾も白く、丸く小さいので、遠目には花穂に米粒が付いているようだ。咲くと、花びらは六枚だが、外側の三枚は小さく丸く、内側の三枚はやや長めで、どちらも縁が内側に彎《わん》曲《きょく》して丸い匙《さじ》状となる。正面から見ると風速計の羽のようで、小さな花だが、よく見ると大変愛らしい花である。

ただし一日花で、朝開き夕方には萎んでしまう。この花には、雄蕊《しべ》雌蕊を備えた両性花と、雄蕊だけの雄性花とがある。受粉結実するには、雄性花はなくとも両性花だけで十分のはずだが、それに加えて雄性花があるというのは何か無駄な気もするが、やはり何らかの意味があるのかもしれない。

八月も半ばを過ぎると、早く咲いた花の後にできる球果が青黒く熟し、艶があって結構見られ

和名：ヤブミョウガ
科名：ツユクサ科
属名：ヤブミョウガ属
生態：多年草
学名：*Pollia japonica*

るし、後から次々と咲く白い花と入り交じってよい眺めとなる。ミョウガ状の葉も艶のある濃緑色で、白い花との映りもよい。

関東から西の温暖な地域の森林下に野生するというが、私が初めてその野生を見たのは、奥多摩の御嶽近く、多摩川辺りの林下であった。初め、何でこんなところにミョウガが群生しているのかと思ったが、ところどころに花が咲いているのを見て、ミョウガではなく、ヤブミョウガであることが解った。しかし、その時はまだツユクサ科の植物であることを知らず、ショウガ科だとばかり思っていた。その後、植物図鑑で調べてみて解ったわけだ。

私が世話になっている寺の境内に、参詣者用の手洗所がある。その前の木立ちの下に、いつの頃からかヤブミョウガが生えてきた。こんなところに植えた覚えはない。どうして生えてきたのだろうか。地下茎をはびこらせて殖えるため、いつの間にか群落状となって、年々花立ちの数が殖えてきた。仄暗い木立ちの中に建つ白壁の手洗所をバックに、濃緑の葉と白い花がよく映えて意外に美しい。殺風景になりがちな手洗所の飾りとして、誠によく似合っている。

ツユクサ科のヤブミョウガ以外に、もう一つ「ミョウガ」名が付いた植物がある。こちらの方はまさしくショウガ科で、本名はハナミョウガ、学名をアルピニア・ヤポニカ（*Alpinia japonica*）と云う。わが国の暖地の林下に居を構える常緑の多年草で、根茎から出る芽は赤く、ヤブミョウガよりやや大きい暗緑色の葉を茂らせ、葉裏にはビロード状の細かい毛がある。初夏の頃、前の年に茂った葉合いから茎立ちして、その先に、周辺に縮みのある、赤い筋入りの白い唇弁状の花を穂になって咲かせ、結構美しい。花後、細かい毛の生えた丸味のある実を結び、秋から冬へかけて紅熟してよく目立つ。この実は、時に漢方薬として用いられることがあるようで、そちらの方では伊豆縮砂《いずしゅくしゃ》と称し、健胃薬とするらしい。

わが国には、このハナミョウガ属（アルピニア *Alpinia*）のものに、クマタケラン（*Alpinia formosana*）というのがあり、九州の大隅半島南部や種子島に野生するというが、元々は南中国原産のものらしい。大きい唇弁状の花を穂状に綴り、目立つ唇弁は黄白色で中心が赤く、彩りが美しいために暖地では観賞用として植えられることがあるようだ。これにはランの名が付くが、もちろんランの仲間ではない。クマタケとは「熊竹」の意で、葉が大きく豪壮な感じがして、しかも竹の葉を大きくしたような形をしているところから、この名を得たようだ。

ハナミョウガ属のものは、熱帯アジアや太洋州諸島など亜熱帯から熱帯へかけて多くの種類があり、わが国では葉に白い斑《ふ》の入るフイリゲットウ（*Alpinia sanderae*）などの美葉種が、切り葉用として栽培され花屋に出廻っていることが多い。

話を元へ戻そう。寺の手洗所のヤブミョウガはいつの間にか生えてきたものだが、三年ほど前からビニールハウスの北側にあるツツジの生け垣の間からも生えてきた。これも、どうして生えてきたかは解らない。想像するに、野鳥がこの実を食べて糞という肥料つきで落していったものではないだろうか。それが地下茎を伸ばして、ハウス内にも侵入してきた。さて、抜き取ろうかどうしようか、迷いの種となってしまった。

キツネノカミソリ
Lycoris sanguinea

旧盆を過ぎ、まだきびしい暑さの残る八月末頃、雑木林の縁や土手などの夏草茂る中から、四〇〜五〇センチメートルに伸びる花茎上に、半開きの、樺色をしたユリ状の花を数輪咲かせる花を見ることがある。ちょっとヒガンバナに似るが、それほどの派手さはなく、どちらかというと侘びしげで、控えめに咲いているという感じだ。

これが、キツネノカミソリというちょっと変った名を付けられた花だ。咲き方がヒガンバナに似ているが、それも道理で、ヒガンバナと同じリコリス属（*Lycoris* ヒガンバナ属）の一員なのだ。リコリス属のものは多くは中国原産（ヒガンバナも元は中国よりの帰化植物）だが、これは珍しく故郷はわが国で、各地に広く分布している。

キツネノカミソリという名は、花時は何の意味やらよく解らないが、花後になって伸び出す葉が細長く、これを剃刀《かみそり》に見立てて「狐の剃刀」と名付けられたらしい。私などは、始め、花がヒガンバナと違って半開きで細長く見えるので、それを細長い狐の顔に見立てたのかと思ったが、そうではなかったわけだ。

学名のリコリス・サングイネア（*Lycoris sanguinea*）のサングイネアは「血赤色の」という意味だが、実際には血赤色どころか黄赤色（樺色）で、お世辞にも赤いとは云えない。むしろこの学

キツネノカミソリ
Lycoris sanguinea

和名：キツネノカミソリ
科名：ヒガンバナ科
属名：ヒガンバナ属
生態：多年草
学名：*Lycoris sanguinea*

名は、真赤な花の咲くヒガンバナの方がお似合いと云えるだろう。

ヒガンバナの別名が「葉見ず花見ず」と云われるように、リコリス類はいずれも花時は葉を見ず、葉時には花見ずで、葉が出るより先に花立ちして咲き、花が終ってから葉が出てくる。目につくのは花時だから、葉を剃刀に見立てたと云われてもすぐにはピンとこないわけだ。

リコリスの仲間は結構種類が多く、赤、白、黄、ピンクと種類によっていろいろな色があり、花が美しいので観賞用の球根草花としても素晴しい。そのために、近頃はいろいろな種類の球根が市販されるようになった（いずれも夏植え球根で七〜八月が植え時）が、どういうわけか、このキツネノカミソリだけは売られていない。不吉な花として嫌がられたヒガンバナでさえ、最近は堂々と球根が売られているのに、キツネノカミソリだけが除《の》け者にされてしまっている。少々寂し気な花だが、風情があるし、結構美しい。栽培してみても、何しろ国産種であから、丈夫でよく咲いてくれる。これには、稀に八重咲きのものや白花種もあるようだから、今後、見捨てずに園芸化してほしいものだ。

ところが最近、オオキツネノカミソリというのが市販されている。これはもともと、大隅半島辺りで見出されて増殖されたもののようだが、キツネノカミソリの大型変種で、花も大きく、花びらもキツネノカミソリよりよく開いて咲く。雄蕊《しべ》が花びらよりも長く突き出るのも特徴の一つで、確かにキツネノカミソリより見映えがする。お陰で、ますますキツネノカミソリは園芸的に忘れられる存在になってしまったが、山野草的な味わいのあるリコリスとして味わってほしいものである。

リコリス類は、球根にリコリンなどのアルカロイドを含む有毒植物だ。ヒガンバナは、その球根が薬用にされたり、毒抜きした球根から得た澱粉が飢饉時の救荒食糧にされたりしてきたが、キツネノカミソリの方は、そのような利用はされてこなかったようで、この点でもヒガンバナに席を譲ってしまっている。

栃木県の南、佐野の近くに三毳山《みかもやま》という小さな山がある。ここは昔からカタクリの群生地として知られており、早春、他の花に先がけて山肌をピンクに染める。今ではカタクリの保護区域とされていて、花時には多くの人たちが訪れる。数年前、この佐野で園芸講習会を頼まれて出かけたおり、三毳山へ案内をされた。カタクリの花は既に終っていたが、キンランの花があちこちに咲き、スミレ類などの春の山野草が私を迎えてくれた。葉のみ残ったカタクリの群落の中に、点々と細長い葉が地面に寝るように茂っているのが見える。案内をしてくれた人が、それがキツネノカミソリの葉だということを教えてくれた。そして、このキツネノカミソリがだんだん増えて、カタクリを押しのけてしまうため、近頃はキツネノカミソリ退治をしているのだと云う。ここでは、キツネノカミソリは憎っくき害草らしい。

早春、カタクリが咲き、晩夏にキツネノカミソリが山を飾れば、二度楽しめると思うが、どうもそうはいかないらしい。何とか共存できぬものだろうか。

トコロ
Dioscorea tokoro

以前、ある人に「わが家にヤマノイモが生えてきて庭木にからんでいるのだが、いつ掘ったらよいのか」と聞かれた。

庭などに、ヤマノイモが生えてくるなんて聞いたことがない。まてよ、と思っていろいろ聞き返してみた。

「その葉っぱ、細長いですか。それとも少し丸っこいですか?」

「細長いけれど、云われると少し丸っこいかナ」

「葉は厚手で色が濃いですか、それとも薄手で、色はそんなに濃くありませんか?」

「そうネ、どちらかといえば薄手で、そんなに緑も濃くないナ……」

「もう一つ、葉は対生して付いてますか、それとも互い違いに互生してますか?」

「そこまでよく見てないけど、互生のような気がするけど……」

「ああ、そりゃ、ヤマノイモじゃなくて、よく似ているトコロですよ」

実際この二つ、よく似ていて知らない人ではよく間違える。

間違えやすいのも道理で、トコロもヤマノイモと同属の蔓《つる》草で、ちょっと見ただけでは区別をつけにくい。細かな違いは、この会話の通りだが、掘ってみればすぐに解る。トコロの根は、ヤ

和名：トコロ
科名：ヤマノイモ科
属名：ヤマノイモ属
生態：多年草
別名：オニドコロ
学名：*Dioscorea tokoro*

マノイモのように真っ直ぐに伸びる肥大した太い根ではなく、指ほどの太さの根茎で、多くは横に伸びている。食べて食べられないことはないらしいが、苦くてまず、ご免こうむりたい。山野どこにでも生える、いわゆる雑草の一つで、これが庭などに入り出すと、他の蔓性雑草同様に掘り取っても掘り取っても、根茎が少しでも残ると、すぐにまた生えてきてしまう。

この一属はみな雌雄異株で、トコロも、夏になると、雄株では葉腋《ようえき》から長い花穂を立ち上がらせ、ごく小さな薄緑色の花を一カ所に数花ずつ綴る。雄花の花穂は立ち上がるが、雌株の花穂は逆に垂れ下がり、一花ずつ綴る。

雌株は結実すると三稜《りょう》となり果実を上向きにならせ、秋にはカサカサに熟して茶褐色で翅《はね》のついた種子を撒き散らす。薯《いも》もできず、使いドコロのないような雑草であるが、この熟して乾燥した果穂はドライフラワー的に装飾に使われることもあるし、その鬚《ひげ》根のある根茎は、翁《おきな》の髭に模して正月の水盤に飾って長寿を祝ったそうであるから、おめでたい植物でもあったわけだ。

オニドコロという別名もあるが、その強く繁茂することを強調して鬼をつけたのだろう。

この仲間のヤマノイモとナガイモは、ともにその肥大する根が食用として賞味される。いわゆる「とろろ芋」である。そのためにこの二種、混同されて同種のように思われてしまいやすいが、別種で、ヤマノイモはジネンジョウ（自然生）と云われるように、各地の山野に野生しているもので、学名をディオスコレア・ヤポニカ（*Dioscorea japonica*）と云い、わが国の特産種だ。一方、ナガイモの方は、学名はディオスコレア・バタタス（*Dioscorea batatas*）で、野生もあるが普通には畑で栽培され、これは中国にもあって「薯蕷《しょよ》」と云う。両種は酷似しているが、ヤマノイモの蔓は緑色で、ナガイモの方は紫がかり、稜があって角張っている。葉は、前者は対生して付くが、後者の方は三枚が輪生して付くことが多い。摺《す》りおろしてみると、ヤマノイモは粘り気が強く、ナガイモの方は粘り気が弱い。通の人は粘り気の強いヤマノイモの方を好むようだが、他の材料とからめる場合はナガイモの方がからみやすく、食べやすい。

この二種とも、葉腋に珠芽《むかご》を付け、これが落ちても殖え、また、この珠芽も食べられる。食用にされるものには、この二種の他、塊状の薯となるツクネイモというのもあるが、これはナガイモの変種で同様に畑で栽培される。

トコロの仲間には、トコロによく似たエドドコロ、茎が初め直立して伸びてくるタチドコロ、ツクネイモのように塊根になるが、苦味が強く食用にはならないニガカシュウなどがある。これらは、いずれも先の尖った長めの心臓形の葉を付けるが、モミジ葉形の切れ込みのある葉をつけるカエデドコロやキクバドコロ、浅裂して葉の大きくなるウチワドコロなど、葉形の変った種類もあって、なかなか多種多様だ。

秋も深まり、軍配形の果実が乾き切ってカサカサと音をたてるようになると、もう冬も間近い。トコロとともに、立ち木にからみついて茂ったカラスウリの実が赤く染まる。カンツバキの赤い花がチラホラと顔を覗かせる。静けさ深まる初冬の一齣《ひとこま》である。

サルトリイバラ

Smilax china

　里山の雑木林には、いろんな植物が生える。昆虫採集に夢中になっていた中学生の頃、雑木林は宝の山であった。下草に潜む虫を採るために捕虫網を振るう。ところが時々、何かに引っかかって、無理に引っ張ると網に穴を空けてしまう。その犯人が、このサルトリイバラであることが多かった。

　サルトリイバラは半蔓《つる》性の灌木で、硬い茎を伸ばして、巻き鬚《ひげ》でからみつきながら木などに寄りかかるようにして茂る。この茎には短かい刺《とげ》が粗く付き、これが網に引っかかるのだ。この刺、それほど多く付いてはいないが、手で触ると、チクリとして意外に痛い。猿が、これに引っかかって捕われるというところから、この名が付けられたらしいが、まさか猿が捕われるとは思われない。大袈裟な名前の付けようだ。サルスベリという木があるが、これも同じようなことだろう。

　刺だけではない。斜め横に伸びて茂ることが多く、巻鬚でしっかりと摑《つか》まっているため、これに足を取られることがある。慌てて茎を摑むと、刺で引っ掻《か》き傷だらけ。そういえば、属名のスミラックス（*Smilax*）には引っ掻くという意味がある。こうなると、サルトリイバラならぬ、〝ヒトトリイバラ〟だ。

和名：サルトリイバラ
科名：ユリ科
属名：シオデ属
生態：多年草
別名：サンキライ
学名：*Smilax china*

このサルトリイバラ、全国各地の林下などに野生しているが、蔓状に伸びる硬い茎はややジグザグ状に伸び、その節々から互生して付ける広い楕円形の葉には、目立つ平行葉脈があって、一度覚えると、まず忘れないほど特徴のある葉である。からみつく巻鬚は葉柄《ようへい》の付け根に付く細い二枚の托葉《たくよう》の先から伸びるため、鯰《なまず》の鬚のようだ。初夏になると葉腋《ようえき》から花梗《かこう》を出して、その先に黄緑色の小さな花を毬《まり》状に咲かせる。雌株と雄株があって、雄株の花は雄蕊《しべ》だけで実はならないが、雌株の花には花後、球状の実をならせ、熟してくると赤く色付いて美しく、生け花材料としてもよく使われる。

一方、その根は、土茯苓《どぶくりょう》あるいは山帰来《さんきらい》と称して、解毒・解熱用など民間薬として用いられてきた。

また、その広い葉は餅を包むのにも使われたそうだから、結構役立ってきた植物の一つと云える。別名のサンキライ（山帰来）と呼ばれることが多いが、これは正しくないらしく、漢字で書くならば、そのまま「猿捕茨」と書くのが間違いないようだ。植物名の漢名は、間違いが大変多いので注意しなければならない。一度定着してしまうと、間違いが解っていても直さないことが多いので、あまり知ったかぶりをして漢名を書かない方がよい。

サルトリイバラの仲間にシオデというのがあり、山菜の一つとして有名だが、これとサルトリイバラが混同されてしまうことがある。だがこの二つ、同属ではあるが別種だ。よく似ているが、シオデには刺がなく、花後になる実は赤くならずに黒くなる。このシオデの新芽は、グリーン・アスパラガスによく似ていて味もそっくり、食べ方も同じで、山のアスパラガスといったところ。

シオデと同様、食べられるものにタチシオデというのもある。茎が立って伸びるのでこの名があるが、葉は他の仲間に較べると細いので区別がつく。シオデは七〜八月頃にサルトリイバラに似た花を咲かせるが、タチシオデの方は五月に咲く。どちらも摘む時は、五〇センチメートルぐらいに伸びた頃、茎を指ではさんで、下からしごき上げながら、ポキッと折れるところで折り取るとよい。これはワラビを摘む時と同じ要領である。

サルトリイバラの仲間にはもう一種、ヤマガシュウという、これまたサルトリイバラによく似た種類があって、山地に野生する。鋭い刺がサルトリイバラより多く、こちらの方が引っかかりやすく、サルトリイバラの名はこちらの方に捧げたいくらいだ。ヤマガシュウとは、山に生えるカシュウ（タデ科のツルドクダミのこと）の葉によく似ているという説と、ヤマノイモ科のカシュウイモの葉に似ているという説とがある。いずれも蔓植物で、葉が似ているためだが、さて、どちらに軍配を挙げたらよいやら……。

武蔵野の雑木林には、昔はいろいろな植物が生えていたが、最近はとんと少なくなってしまった。サルトリイバラも以前はよく見かけたが、近頃は保護林でもあまり見られない。保護林を設けても、都市周辺では昔の環境とはすっかり変ってしまっていることが多い。保護林といえども、サルトリイバラには、やはり住みづらくなってしまったのだろうか。

ノビル

Allium grayi

春早く、冬枯れた土手などに、紐《ひも》のように細長い緑の葉を群がらせて茂る草をよく見かけるが、これがノビルである。

春の山や野辺には、萌《も》え出る新芽が食べられるものが多い。ヨメナ、セリ、ニリンソウ、カンゾウなどとともに、このノビルもその一つである。

株元はかなり深く地中にもぐり、掘ってみると根深ネギのように白く、その先にラッキョウを小さくしたような鱗茎《りんけい》を結ぶ。水洗いして、味噌をつけて齧《かじ》る。ピリっとした辛味と、ニラのようなにおいが口中に広がり、野趣に富んだ独特な味わいがある。鱗茎だけではなく、その葉も軽く茹でてぬたにしても珍味であるし、細かく刻んでネギのように薬味にしてもよい。

今では野菜類が豊富で、ノビルも忘れられがちになってしまったが、昔は家庭でもよく食膳を賑わしたものだ。私も子供の頃、母が庭に生えていたノビルを採ってきて食べさせてくれた。醬油漬けにしたものを、食べ物にうるさかった父が「これはうまい」と云って喜んで食べていたのを想い出す。

ノビルとは野に生える蒜《ひる》＝野蒜という意味で、よく訛《なま》ってノビロとも呼ばれるが、この名の方が何となく親しみやすい。非常に古く、わが国へ渡来した史前帰化植物の一つとも云われるが、

ノビル
Allium grayi

和名：ノビル
科名：ユリ科
属名：ネギ属
生態：多年草
別名：ノビロ
学名：*Allium grayi*

わが国各地に生息している。土手などに多いが、田圃の畦、野原、道端、林の下、時には庭など、所構わず生えてくるという感じだ。非常に繁殖力の強い植物である。

初夏の頃、三〇〜五〇センチメートルぐらいに伸びる花茎を立て、その頂きに薄い赤紫色の小さな花を繖形《さんけい》状に咲かせるが、面白いことに、花に混じって小さな紫色の珠芽《むかご》が付き、時には花がなく珠芽だけのものもある。この珠芽がこぼれ落ちて芽を出して殖えるとともに、鱗茎自体も分球して殖えるので、数年で大株になってしまう。葉は秋から出始め冬を越し、初夏に花を咲かせると、やがて夏には枯れて地上から姿を消して夏休みをする。

このノビル、ネギやタマネギなどと同じアルリウム属（*Allium* ネギ属）の仲間である。アルリウム属には非常に多くの種類があり、このほかニラ、アサツキ、ラッキョウ、ニンニクなど食用として栽培園芸化されたものが何種類もある。一方、花の美しい種類も多く、濃い藤桃色の小花を巨大な球状花房に綴るギガンチューム種（*Allium giganteum*）を始め、これをやや小振りにしたローゼンバツキアヌム種（*Allium rosenbachianum*）、黄色花で小型のモーリー種（*Allium moly*）、線香花火のような面白い花房のシューベルティ種（*Allium schuberti*）など、いろいろな種類が観賞用として栽培され、切り花にも用いられることが多い。これらはいずれも球根性で、秋が植え時だ。

属名のアルリウムには「辛い」という意味があり、この一属のものは、いずれも辛味があるし、多かれ少なかれニラのような匂いをもつ。この匂いは硫化アリル類によるもので、ビタミンB_1の吸収を高める働きがある。この仲間のニンニクなど、古くから強壮薬的効果が高く、食用とともに広く薬草として使われることも多い。

ノビルにも、いろいろと薬用効果があり、鱗茎を摺《す》りおろしたものは、火傷や虫刺されの時、打ち身、皮膚病などに外用薬として用いられ、陰干しにしたものは煎用すると体が温まってよく眠れるという。

近年、ハーブばやりで、いろいろなものの苗が売られているが、その中にチャイブというのがある。これはわが国の中北部、特に北海道に多く野生するエゾネギと同種のもので、初夏に紫紅色の美しい花を咲かせ、観賞用として庭植えにしてもよいし、アサツキ同様に若葉を摘んで食用にもされる。

北海道にはエゾネギの他、アイヌネギとも呼ばれるギョウジャニンニクというのがある。アイヌの人たちが好んで食べたところからアイヌネギと呼ばれたようだが、昔、粗衣粗食で行をする行者の人たちが、スタミナ源としてその葉や鱗茎を食べたと云う。ギョウジャニンニクの名も、それに由来する。このギョウジャニンニクは、夏になると長い花茎を出し、その先に葱坊主を付け白色の小花を綴る。この仲間では珍しく幅広で、先の尖った楕円形の葉を二〜三枚、左右に広げて付ける。わが国では中部以北の深山や亜高山帯などに野生するが、ヨーロッパ・アルプスでもよく見かけるし、どこでも大株になって茂っていることが多い。食べてみると強烈なにおいに驚かされる。ニンニク以上の強臭で、初めは閉口するが馴れると病みつきになるらしい。行者のスタミナ源というのも肯ける。

オニユリ

Lilium lancifolium

野生植物の中で美人ぞろいなのがユリ類であろう。

「立てば芍薬《しゃくやく》　座れば牡丹《ぼたん》　歩く姿は百合《ゆり》の花」とは美人の譬《たと》えであるが、他の草々に抜きん出て、美しい花を風に揺らめかせながら咲く姿は、まさに「歩く姿は百合の花」である。

ユリ属の植物は、北半球の亜熱帯から温帯へかけて多くの種類があるが、中でも、わが国には花の美しいユリが多種野生して、ユリの国と云える。北海道の原生花園を飾るエゾスカシユリから、ユリ属で最も大きい花を咲かせるヤマユリ、世界一美しいユリと折り紙を付けられたササユリ、東北の一部亜高山帯に居を定めた小型で可愛いヒメサユリ、小輪の輝くような赤い花を咲かせるヒメユリ、ピンク地に鹿の子斑を散らすカノコユリ、沖縄の海辺を飾る純白のテッポウユリなど、北から南まで、それぞれの地域にそれぞれの野生ユリがある。

その中に混って、元々は中国生れで古い時代に渡来し、すっかり日本のユリと化してしまったのが、このオニユリである。

他のユリには優しい名をつけられたものが多い中で、このユリだけは「鬼」という名が付けられた。人の丈ほどにもなる、紫色の斑点のある強直な茎を伸ばし、橙赤色《とうせきしょく》地に黒い斑点を散りばめる花を何輪も咲かせるその姿は、確かに他のユリのような優しい風情はなく、どことなくゴ

和名：オニユリ
科名：ユリ科
属名：ユリ属
生態：多年草
学名：*Lilium lancifolium*

ツイという感じがする。なるほど、鬼百合と名付けられたのが肯ける。一説によれば、可憐なヒメユリに対しての名だとも云う。

このオニユリ、たくさんの花を咲かせるが、ほとんど種子ができない。ところが、それに代って葉腋《ようえき》に珠芽《むかご》を付けて、これが種子代りにこぼれ落ちて殖える。種子がならぬ代りに、自然が工夫した天の恵みと云えるだろう。また、地下に大きな球根を作り、それが美味なために、食用として栽培されていたものが野生化したとも云われている。

私が飯田橋にある中学校へ中央線で通学していた頃、市ケ谷から飯田橋へかけての外濠の土手に、野生のオニユリがたくさん咲いていた記憶があるが、今ではなくなってしまったようだ。

オニユリは珠芽を作るという特徴があるが、もう一つ他のユリと違う性質がある。最近、ウイルスという言葉は万人が知る言葉になってしまった。植物にもウイルスによる病気があり、モザイク病などはその代表的な病気だが、エイズと同じように一度罹《かか》ると不治の病で、薬による治療法がない厄介な病気である。特にユリ類はこの病気に罹りやすい。ところが、ヤマユリなど野生のユリを調べてみると、ウイルスに罹っているものがほとんどないと云われる。これを畑などで栽培すると、ウイルスによる病気が多く発生する。なぜなのだろうか。これには一つの秘密が隠されている。野生のものを掘ってみると、驚くほど深いところに球根がある。ウイルスの発生は、球根周囲の土の湿り具合と関係があるようで、乾き気味であると発病しやすいようだ。球根が深くにあれば乾きにくい。そのために野生のものは球根を深くへ潜らせて身を守っているわけだ。

ユリ類の根は球根底部から下へ伸びる下根《したね》と、球根の上、地中に埋まっている茎の基部から出る上根《うわね》との二種類があり、養分の吸収は上根によって行われ、下根は牽引根と云って、養分吸収は行わず、球根を安全な深さに引きずり込む役目を果たしている。ということは、ユリ類を植えるには、思い切って深く植えるのがコツということになる。だが、不思議なことに、このオニユリだけはウイルスによる病気に罹らない。なぜ、オニユリだけが罹らないのか不思議なことだ。だから、オニユリなのかもしれない……。

わが国にはオニユリに似た固有種が一つだけあり、コオニユリという。花はオニユリに似ているが、小振りで、茎には紫斑がなく緑色でオニユリのようなゴツさがない。山の草地などに野生が多く、その球根は苦味が少なく美味であるために、近頃はオニユリに代って食用ユリとして栽培されることが多くなり、味のよいものを求めて品種改良まで行われるようになった。北海道で栽培されることが多い。

あちこちの庭先にオニユリが咲き出すと、いよいよ暑い真夏の季節となる。花の色は少々暑苦しいが、丈高く伸びて青空を背景にたくましく咲くその姿は、いかにも夏らしい花だ。

カラスビシャク

Pinellia ternata

植物の花には、時々奇妙な形をしたものがある。例えば、サトイモ科の植物は独特なスタイルの花をもったものが多い。花は、花穂軸にごく小さな花が、ぎっしりとこびりつくようにして付き、これを肉穂花序《にくすいかじょ》という。多くの種類は、この花穂の背後に仏炎苞《ぶつえんほう》と呼ばれる仏炎（仏像の後ろにある光背）形の苞葉が一枚付き、これが色付いて花びらのように見える。雪解け期の尾瀬ケ原を飾る真っ白な花のミズバショウや、チョコレート色の達磨さんのような丸い花を咲かせるザゼンソウも、花びらと見えるのは苞葉で、本当の花は中心から突き出る雌蕊《しべ》とも見間違える肉穂花序に付く。

カラスビシャクも仏炎苞をもった肉穂花序で、花序の花軸の先が細く長く、糸のように突き出して伸びる。仏炎苞の下半分は花穂を守るかのように巻き込んで包み込み、上半分は開いて、その先は蛇が首をもたげたように曲がる。花軸の先は鞭《むち》状の鬚《ひげ》となって上の方へ長く突き出す。蛇が細長い舌をペロペロと出したようで、植物というよりも、動物的な感じのする花だ。仏炎苞の色も紫色がかった緑色で、これも花容と相まって蛇の頭を思わせる。

サトイモ科には雌雄異株の種類が多いが、カラスビシャクは雌雄同株で、雌花と雄花があり、この付き方がなかなか複雑だ。雌花の方は肉穂花序の下部に一列に並んで付き、この部分は仏炎

和名：カラスビシャク
科名：サトイモ科
属名：ハンゲ属
生態：多年草
別名：スズメノヒシャク、
　　　ヒシャク、ヘソクリ
学名：*Pinellia ternata*

苞の下部とくっついている。雄花の方はやや離れて、この上に鞭状の鬚の基部を取り巻いて付く。花の構造は大変複雑だが、葉の方は意外にシンプルで、一〇～一五センチメートルほどに伸びる葉柄《ようへい》上に艶のある三小葉を広げ、葉数は少なく一～二枚。地下に丸く白い球根を作るが、小葉のつけ根にも小さな珠芽《むかご》を付け、これがこぼれ落ちても殖える。

漢名を「半夏《はんげ》」と云い、球根には毒性があるが、その乾燥粉末を足の疲れや肉刺《まめ》ができた時に、練ったものを塗ったりするとよく効くと云われ、昔から薬用として利用されてきた。

カラスビシャクはその花容が柄杓《ひしゃく》に似ているところから名付けられたようだが、別名のスズメノヒシャクも同じようなことだろう。単にヒシャクと呼ぶこともある。また、面白い別名にヘソクリというのもある。何でも、この球根を採り集めて薬種商に売ると結構な小使い稼ぎになり、これを臍《へそ》繰ったからという説と、葉の付け根にできる珠芽のことをヘソクリと呼んだという説もある。これは無理に解釈をすれば、その可愛い珠芽を〝臍栗〟と見立てたのではないかと思うが、どうであろうか。

同属のハンゲ属（ピネルリア *Pinellia*）のものに、わが国の暖地（四国や九州）の山地に野生する、オオハンゲという種類がある。カラスビシャクよりはるかに大型で、葉柄も三〇センチメートルぐらいに伸び、大きな艶のある深く三裂する葉を付ける。初夏の頃に、カラスビシャクの花を大きくしたような緑色花を咲かせる。地下には同じように球根を作るが、これも大きく径三センチメートルぐらいになる。ただし、この球根はカラスビシャクのように薬効があるかどうかはよく解らない。

カラスビシャクは、その長く突き出る鬚が一つの特徴だが、このように花軸の先が鬚のように長く伸びるものがサトイモ科の植物には時々ある。別属であるが、テンナンショウ属（アリサエ

マ *Arisaema*）のウラシマソウなどはその代表種で、その鬚は長さ五〇～六〇センチメートルに及び、途中から垂れ下がる。ちょうど釣糸を垂れたようなので、浦島太郎の釣糸ということでこの名が付けられた。この他にも、これを小柄にしたようなヒメウラシマソウや、花時の姿が翼を広げたように茂る葉と相まって、鶴が舞うようだというところから名付けられたマイヅルテンナンショウも長い鬚を伸ばす。

カラスビシャクは、わが国各地に広く分布するが、畑や庭などに生えることが多い。小型で、それほど茂るわけでもなく、たいして邪魔になるとも思えないが、畑や花壇などに生えると、雑草として抜きとられる運命にある。ところがこの草、なかなかしぶとく、少しでも球根が残るとすぐにまた生えてくる。葉の付け根に付く珠芽が抜く時にこぼれ落ちると、これが居残って生えてくる。嫌がられるのも、このしぶとさのためかもしれない。

でも、その花はよく見ると愛嬌があって可愛らしく、花が出てくると、つい抜きとりづらくなる。

カヤツリグサ
Cyperus microiria

昔の子供たちは、今のようにいろいろな遊び道具が多くなかったし、都市部でも、ちょっと郊外へ出れば自然があふれていた。そして、野の草々を遊び道具として、いろんな遊びをしたものである。この遊び道具によく使われた草の一つがカヤツリグサだ。細長く伸びる茎は意外に繊維が強く、これを四つに裂いて蚊帳《かや》の形にして遊ぶ。カヤツリグサの名も、この遊びから付けられた名だ。時には裂いた茎を枡《ます》形にして遊ぶこともあるために、マスクサという別名もある。

畑から道端、野原、庭と、どこにでも生え、子供たちの遊び道具にもされたことから、いわゆる雑草扱いにされる草の中では大変なじみ深い。

艶のある細く長く伸びる線状の葉を付け、夏になると三〇～四〇センチメートルほどの、意外にしっかりした三角をした茎を立て、その頂きにさらに細長い葉を数枚付け、何本もの小枝を広げて小さな頴花《えいか》を綴る。この茎頂部に付ける葉は総苞葉《そうほうよう》と呼ばれるが、花房の受け皿のようなものだ。花時の姿は、ちょうど線香花火のようで、細長い葉とともになかなか風情がある。全草に香気があるというので嗅いでみたが、云われてみれば少しするかな、という程度で、普通にはあまり感じられない。

これに非常によく似ていて、カヤツリグサと一緒にされてしまうものに、コゴメガヤツリとい

カヤツリグサ
Cyperus microiria

和名：カヤツリグサ
科名：カヤツリグサ科
属名：カヤツリグサ属
生態：1年草
別名：マスクサ
学名：*Cyperus microiria*

うのがある。一見、区別しにくいので、混同されてしまうのも無理がないと思うが、大きな違いは、その小さな頴花の形で、カヤツリグサのは芒《のぎ》の先に小さな刺《とげ》があるが、コゴメガヤツリの方はそれがなく丸みを帯びている。

カヤツリグサ属は学名をキペルス属（*Cyperus*）と云い、多くの種類があり、わが国にも、このほかアゼガヤツリ、タマガヤツリ、ウシクグ、ミズガヤツリなどなど幾つもの種類がある。この一属で世界的に有名なのが、パピルス（Papyrus）の名で知られるカミガヤツリだ。北アフリカの水湿地に群生して、高さ四〜五メートルに及び、巨大なカヤツリグサというところ。この茎の繊維が古代エジプトで紙作りに用いられたということで有名になった植物である。

パピルス以外にも、この仲間は繊維が強いため、この性質を利用して編物細工や畳表や茣蓙《ござ》などに利用される種類がかなりある。

梅雨に入り、土の湿り気が多くなると、カヤツリグサの芽が一斉に生えてくる。去年こぼれた種子が、待ってましたとばかりに芽生えてくる。取っても取っても、後から後へと生えてくる。土の中には、どれくらいの種子が隠れているのだろうか。

このカヤツリグサ、大きくなっても根張りが少ないので簡単に引き抜けるが、その造形的な美しさに、しばし、抜くのをためらってしまいがちになるのは、私だけかしら……。

INDEX

オ

カ

キ

ス

セ

ソ

タ

ム

メ

モ

ヤ

ユ

ヨ

＊本書は二〇〇二年十二月初版刊行の『柳宗民の雑草ノオト』と二〇〇四年三月初版刊行の『柳宗民の雑草ノオト②』を基に、季節ごとに再編集したものです。

復刊に際し、本文用紙をカラー印刷適正に優れたものに改め、イラストそのものもより自然に近い色彩を目指し、製版時に色調補正等を行いました。本文については、一部訂正した箇所もあります。

柳　宗民（やなぎ・むねたみ）

園芸研究家。一九二七年、民芸運動の創始者・柳宗悦の三男として京都市に生まれる。栃木県農業試験場助手、東京農業大学研究所研究員を経て独立。柳育種花園を経営するかたわら、執筆やテレビ・ラジオで活躍した。（社）園芸文化協会評議員、英国王立園芸協会日本支部理事、恵泉女学園大学園芸文化研究所顧問を歴任。著書に『ゼラニューム　ＮＨＫ趣味の園芸――よくわかる栽培12か月』（日本放送出版協会）、『かんたん宿根草花――育て方・楽しみ方』（西東社）など多数がある。二〇〇六年二月、逝去。

三品隆司（みしな・たかし）

科学ライター・イラストレーター。一九五三年、愛知県生まれ。主に自然科学書の企画、製作に携わる。美術、民俗学にも深い造詣を持つ。著書、共著書に『図解 SPACE ATLAS』『アインシュタインの世界』『いちばんわかりやすい解剖学』（以上、ＰＨＰ研究所）、『雪花譜』（講談社カルチャーブックス）、『歌の花、花の歌』（明治書院）、『調べる学習百科　月を知る！』『調べる学習百科　火星を知る！』（岩崎書店）などがある。

定本《ていほん》　柳《やなぎ》宗民《むねたみ》の雑草《ざっそう》ノオト　夏《なつ》

二〇一九年五月一五日　印刷
二〇一九年五月三〇日　発行

著者　柳《やなぎ》　宗民《むねたみ》
画　三品《みしな》隆司《たかし》

発行人　黒川昭良
発行所　毎日新聞出版
〒一〇二-〇〇七四
東京都千代田区九段南一-六-一七　千代田会館五階
営業本部　〇三-六二六五-六九四一
図書第一編集部　〇三-六二六五-六七四五

装丁　中島　浩
印刷・製本　光邦

© Munetami Yanagi & Takashi Mishina Printed in Japan, 2019

乱丁・落丁本はお取り替えします。
本書のコピー、スキャン、デジタル化等の無断複製は著作権法上での例外を除き禁じられています。

ISBN 978-4-620-32585-9